奇妙的几何思维

多变的四边形

沈雪◎著

航空工业出版社

北京

内容提要

看似"高高在上"的几何，其实都源于我们的生活。打开这套书，你就会发现，原来几何还可以这么有趣！本书从生活实际出发，将与圆、三角形、正方形、球、正方体、多面体有关的几何知识融于侦探故事中，让几何问题变得更贴近生活、生动有趣。全书的内容包含但不限于 6 种图形，旨在为孩子构建全面的几何知识框架、培养良好的几何思维，引导孩子学会创造性地思考问题。

图书在版编目（CIP）数据

奇妙的几何思维．多变的四边形 / 沈雪著．— 北京：
航空工业出版社，2024.4（2024.5 重印）
ISBN 978-7-5165-3709-1

Ⅰ．①奇… Ⅱ．①沈… Ⅲ．①几何—青少年读物
Ⅳ．① O18-49

中国国家版本馆 CIP 数据核字（2024）第 059427 号

奇妙的几何思维·多变的四边形
Qimiao de Jihe Siwei.Duobian de Sibianxing

航空工业出版社出版发行
（北京市朝阳区京顺路 5 号曙光大厦 C 座四层　100028）
发行部电话：010-85672688　010-85672689

唐山楠萍印务有限公司印刷　　　　　全国各地新华书店经售
2024 年 4 月第 1 版　　　　　　　　2024 年 5 月第 2 次印刷
开本：787×1092　1/16　　　　　　　字数：20 千字
印张：3　　　　　　　　　　　　　　定价：168.00 元（全 6 册）

前　言

数学一定是深奥的？几何一定是难懂的？停停停，千万别这么想！其实，看似"高高在上"的几何，都源于我们的生活。打开这本书，你就会发现，原来几何还可以这么有趣！

为什么地砖一般是正方形的？为什么自然界中没有方形的叶子？比萨是圆形的，为什么要选择方形的盒子来装？平行四边形为什么会伸缩？为什么很多宝石都有菱形切面？

四边形的世界真奇妙。上面那些问题，都跟四边形有关。本书从生活实际出发，将与四边形有关的知识点寓于有趣的侦探故事中，让几何变得更贴近生活、更生动有趣。读完这本书，你会在手不释卷的同时，惊叹于几何学的伟大力量。让我们一起出发，跟着侦探小机灵和算盘猴，去破解形状王国的案件，探索几何世界的奥秘吧！

目　录

人物介绍

小机灵

形状王国的侦探，拥有超乎寻常的智商，没有他不知道的几何知识！每次遇到案件时，他总会挺身而出！

算盘猴

小机灵的宠物，也是他的好朋友！会说话，会算术，总会在关键时刻帮上小机灵的忙！

第1章 钻石失窃案

"丁零零……"正在睡觉的小机灵，突然听到一阵急促的电话铃声。

他拿起电话，只听到里面传来算盘猴焦急的声音："小机灵，不好了，神偷偷走了国王王冠上的钻石！你快来看看吧！"

小机灵立马赶到王宫，一番搜寻之后，发现王宫守卫森严，狡猾的神偷无法带着钻石逃离，竟然将钻石藏在了花园的一个木盒里。

木盒上有一张纸条，赫然写着："钻石在此，移动上面的一根木条才能打开木盒，不然它就会自动销毁哟！提示：小小形状长短同，四四方方真严肃。"

小机灵一看，木盒的表面有四根木条，组成了一个特殊的形状。

算盘猴上手动了动，发现这四根木条有三根都钉牢了，只有右边那根可以活动。

"四四方方……正方形不就是四四方方的吗？"小机灵量了一下，四根木条的长短果然都一样。就这样，他移动了右边的那根木条，把四根木条连成一个正方形。

"咔！"木盒竟然自动打开了，国王的钻石找到了！

认识正方形

◉ 正方形的特点

正方形是特殊的四边形，它的四条边都相等。

四边形是由四条线段首尾顺次连接而成的封闭图形。

◉ 慧眼识正方形

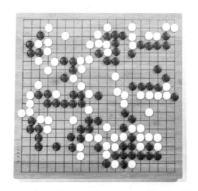

围棋棋盘

玻璃窗

● 为什么室内的地砖一般是正方形的？

　　装修房子时，人们经常会选择正方形的地砖。这是因为，正方形四条边的长度相等，四个角都是直角，人们很容易按照网格状将一块地铺满。

● "缺个角"的二维码

　　生活中，扫码支付、扫码骑车、扫码点餐……处处都离不开二维码。如果你仔细观察就会发现，二维码的三个角落都有"回"字形定位方块。只要镜头扫到这几个回字框，人们就可以从任何角度准确扫描到二维码信息。

量一量

下图中画的是正方形吗？用尺子对准四条边进行查看，并找出答案。

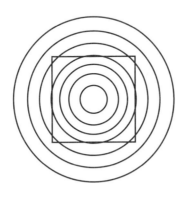

移一移

图中有 20 根火柴，组成大小不等的 4 个正方形。你能只移动 2 根火柴，使图中组成 6 个正方形吗？

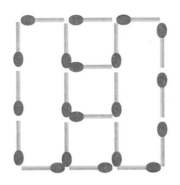

多变的四边形

第2章

算盘猴最近有一个新愿望：成为一名优秀的木匠！

跟着木匠大师学了好几天后，算盘猴进步不小。这天，木匠大师觉得正方形的窗框太板正了，想让算盘猴创新一下，于是给他布置了一个任务：做一个多变的四边形窗框。

算盘猴火急火燎地回到家，先收集了四根长木条，又找了四颗铁钉。

材料都准备好了，算盘猴却开始发愁："多变的四边形窗框怎么做啊？"算盘猴盯着木条想了半天，也没想出答案。

一旁的小机灵看不下去了，忍不住点拨了一句："多变，不就是会动嘛！"

算盘猴这才恍然大悟。他先把四根长木条首尾相连，然后把钉子钉进去，但木条仍能活动。于是，随着四根木条被拉伸，四边形窗框也就开始变形了。

认识四边形的角

四边形如菱形、平行四边形、梯形中，既有锐角，也有钝角。

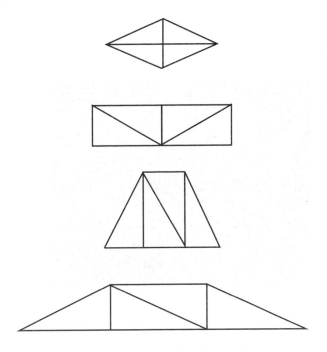

长方形和正方形中，四个角都是直角。

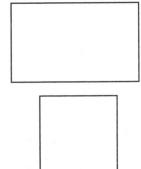

四边形的角既可以是锐角、钝角，也可以是直角。

7

八仙桌的形状

八仙桌，是中华民族传统的家具之一。八仙桌为方桌，桌面四边长度相等，每面可以坐两个人，刚好八个人的位置，所以被雅称为"八仙桌"。

养成思维

玩玩看

四子连星，找一找图中的四边形！

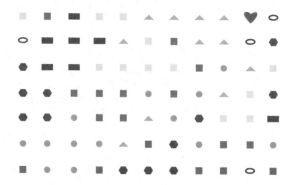

藏宝图中的对角线

自从粉刷完新家，小机灵一直想开个派对庆祝一下。定好时间后，他广发请帖，邀请大家都来参加。

这天，形状王国的每个人都精心准备了礼物，开心地来到了小机灵家。热闹的派对结束后，小机灵和算盘猴开始了拆礼物之旅。

不一会儿，他们拆到一份特殊的礼物，是小机灵的好朋友点点送的一个箱子，上面有一张明信片，写着：

"嗨！小机灵，打开箱子，里面藏着一张藏宝图。要想拿到真正的礼物，全得靠它！"

只见藏宝图上有一个正方形，里面有一个红叉。

"那里就是礼物的藏身地点吧？"算盘猴说道。

聪明的小机灵仔细看了看，连接正方形的对角线，只见红叉就在对角线上。

有了这个线索，小机灵和算盘猴顺利地找到了礼物——是一条正方形的地毯。神奇的是，地毯竟然以对角线为界，一半是黑，一半是白。

 **认识对角线**

正方形的对角线长度相等，并且互相垂直。

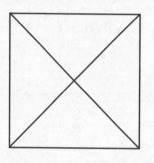

对角线是指连接多边形任意两个不相邻顶点的线段，或者连接多面体任意两个不在同一平面上的顶点的线段。

思维发散

摄影中的对角线构图

用一条斜线把画面"劈开"，一分为二。这种构图有延伸感，会给人活泼的感觉。

丁托莱托《最后的晚餐》中的对角线

在运用对角线上,艺术家的做法炉火纯青。著名画家丁托莱托创作的《最后的晚餐》,用一张桌子构造画面的对角线,让这条线直指画面深处,极大延展了画面的纵深感。

"猫步"的对角线

如果你仔细观察,就会发现猫咪走路使用的是对角线换步法,如果是右前足先迈步,下一个就是对角线的左后足跟着向前,接着左前足向前,右后足跟上。

六宫对角线数独

规则：在空格内填入数字 1~6，使得每行、每列和每宫及两条对角线上的数字都不重复。

		1			
					1
5	3				
				5	6
2					
		4			

站在广场中心

"小机灵，你听说了吗？著名歌手星星要来形状王国开演唱会了！"作为星星的粉丝之一，算盘猴一听到这个消息，激动地都要跳起来了。

小机灵也有些兴奋道："演唱会地址选在哪儿了？"

"当然是方块广场啦！那可是咱们王国最大的广场，一定能容纳很多人！"算盘猴说道，"不过，听说主办方最近在发愁要把舞台设置在哪里。毕竟星星的粉丝那么多，每个人都想离他更近。"

小机灵狡黠地笑了笑，说："算盘猴，你想不想为偶像出出力？"

算盘猴疑惑地问道："你想干吗？"

小机灵没有说话，只是拿了张纸，在上面画了个正方形，连接两条对角线，然后在中心的交点上，画了颗星星。

算盘猴一下子就看懂了：只要星星站在方块广场的中心位置，四面设置观众席，构成"四面台"，

观众环绕而坐，这样不管坐在哪个方位，都能欣赏到星星的演出！

 认识中心点

折出正方形的中心点

1. 找一张正方形纸片。

2. 沿着纸片的斜对角对折。

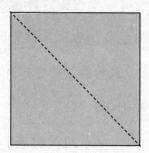

3. 找出两条对角线相交的点，那就是中心点。

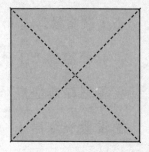

在正方形中，中心点到各条
边的距离相等。

捷克的正方形广场中央的喷泉

捷克最大的广场是正方形广场,四边各长133米。广场上有一个20多米高的塑像喷泉,它位于正方形广场的中心。

圆的中心点——铜镜的镜钮

在古代铜镜上,有一个圆圆的凸起部位,那就是镜钮。镜钮是古人用于穿系绳子的部位,目的是方便人们手持、固定或悬挂铜镜。

● 美丽的天花板——藻井

走进故宫，很多人会被宫殿的宏伟而吸引，却很少有人抬头看故宫的天花板。殊不知，天花板上藏着形状多样、精致无比的藻井，最常见的就是圆形和正方形。方形藻井的中心是最精华的地方，有莲花纹、飞龙等造型图案。

养成思维

● 试一试

如果给你一个正方形的蛋糕，让你把它切成均等的四份，你会怎么切呢？

提示：利用中心点，从中间切。

第5章 玉佩的另一半

最近，形状王国可热闹了。方块广场上的演唱会刚结束，又开起了旧货市集。

小机灵和算盘猴在市集上闲逛。经过一家卖古玩的摊位前，小机灵看到一枚正方形玉佩，上面雕刻着双鱼纹样，古朴又精美。

小机灵正拿着玉佩欣赏，一个小孩儿突然跑过来撞到他身上，他手里的玉佩掉到了地上，碎成了两半！不巧的是，随后赶来的小孩儿父母没注意脚下，不小心将其中一半踩得更碎了……

"哎呀，这可怎么办？这个玉佩可是我的宝贝，这下只剩一半了！"老板大喊道。

小机灵捡起玉佩碎片，仔细检查了一下，说道："没事，我刚刚看到，这玉佩是个双鱼图案，另一半没碎的刚好是完整的一条鱼。只

要根据这一半的图案，对称画图，就可以修复出双鱼玉佩的形状了！"

就这样，在小机灵的帮助下，摊主拿到了完整的图案，又去做了一个全新的双鱼玉佩。

认识对称

把对称的两半分开的这条线叫作对称轴。正方形是等边图形，有四条对称轴。

把一个图形绕着中心点旋转180°，如果旋转后的图形能够与原图形重合，那么这个图形就是中心对称图形。正方形就是中心对称图形。

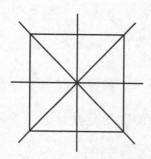

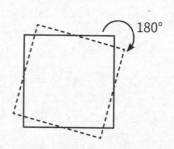

对称指的是一个形状可以分为相同的两半，每一半都是另一半的精准复制。

✦ 轴对称画作——拉斐尔的《雅典学院》

在《雅典学院》这幅画中，对称美体现得淋漓尽致。仔细观察建筑构造，由近及远，你会发现，哪怕是一个装饰图案，也是对称的。

✦ 剪纸中的对称美

在剪纸中，有很多图案都是对称的。有的是轴对称，如"囍"字；有的是中心对称，如"团花"。

窗户上的网格

　　在不少古建筑里，你都能看到窗户上有特别的图案，有的由横竖棂条构成，就像一块块豆腐一样，俗称"网格纹"。仔细一看，这种图案横平竖直，由一根根窗棂分开，它可是不折不扣的轴对称图形。

养成思维

猜一猜

　　桌上有四张牌，其中一张牌被旋转了180度，你能猜出是哪一张吗？

答案：为扑克4，只有扑克4是中心对称图形，所以旋转180°之后，还是原来的样子。

20

百变正方形

第6章

数学家罗拉举办了一场数学沙龙，主题是"把正方形玩出花样来"，小机灵早早就报了名。

到了活动这天，小机灵开心地带着算盘猴前往，在现场看到很多数学爱好者。

有的人从古代数学中得到了灵感，展示了幻方——一种古代数学游戏的玩法。

有的人展示了一种常见的数学游戏——数独，只要保证填的数字每行、每列不重复即可。

有的人画出了正方形分形——毕达哥拉斯树，造型独特。

小机灵和他们不同，一直在玩着手中的折纸。罗拉见状问道："小机灵，你觉得正方形还能怎么玩呢？"

小机灵没说话，直接给大家展示了一个"小魔术"，他轻轻一拉，原先手上的小正方形折纸，居然展开成一个大大的正方形！

会动的正方形

在折纸艺术中，有一种特殊的折纸——镶嵌折纸。小机灵展示的"小魔术"，其实就是镶嵌折纸中的"扭转"，瞧，白纸中心的正方形随着折叠轻而易举地转过了90°。

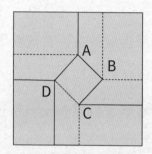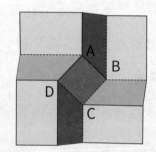

正方形的分形——毕达哥拉斯树

神奇的树，不光大自然有，数学中也存在这样一棵"神奇大树"——毕达哥拉斯树。毕达哥拉斯树，从一个正方形开始，逐渐长成一棵数学之树。

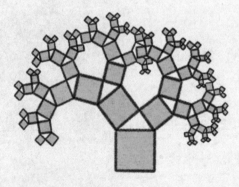

视觉错觉：亥姆霍兹错觉

在两个相同的方框里，一个填满横条纹，另一个填满竖条纹。虽然两个方块一样大，但是视觉上，人们会觉得横条纹的方块看起来更高更窄。这就是"亥姆霍兹错觉"。

正方形数

学数学，免不了跟数字打交道。而这些数里面有很多有趣的数，像 1、4、9、16、25……这些数被称为"正方形数"。

| 1 | 4 | 9 | 16 |

为什么自然界中没有方形的叶子？

自然界中，叶子的形状千奇百怪，有椭圆形、针形、三角形……但你可能找不到正方形的叶子。你知道这是为什么吗？其实，这是因为正方形有四个角，这四个角会成为整个体系中最薄弱的环节，使整个体系非常容易被破坏。

  养成思维

摆一摆

用 9 根火柴构成 6 个正方形。该如何摆放呢？

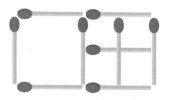

答案：

第7章 美术馆中的黄金矩形

"大家好，欢迎来到奇趣美术馆，今天的展览是'探索艺术中的数学'，我是本次展览的导游。"美术馆门口，一位手拿小旗子的女士正在发言。人群中的小机灵和算盘猴认真听着。

"艺术和数学，这两者听起来关系不大啊！"算盘猴悄悄嘀咕。

导游听到后笑笑说："你这就不懂了吧？艺术和数学关系匪浅，这不，今天展出的名画中就藏着很多数学秘密呢！"

走到《蒙娜丽莎的微笑》前时，导游停了下来，说："相信大家对这幅作品很熟悉，但你们知道吗，其实这幅画里藏着一个特殊的矩形，请大家找一找吧！"

"这不是一幅人物画吗？哪来的矩形？"有观众问道。

小机灵知道，导游说得没错。于是，他解释道："这幅画里确实有矩形，而且是黄金矩形，其边长比约为1：1.618。达芬奇通过使用这个黄金比例，构建了平衡的构图。"

● 长方形与黄金分割

长方形也叫矩形。它有4条边，相对的两条边长度相等；有4个角，每个角都是直角。

黄金矩形中 1：1.618 的比例，被古希腊数学家毕达哥拉斯发现，后来被古希腊哲学家柏拉图称为"黄金分割"。

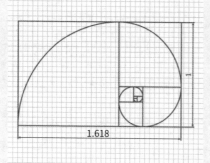

● 生活中的黄金分割

芭蕾舞演员在翩翩起舞时，不时踮起脚尖，使上半身与下半身的比值更接近——0.618。

故宫里的长方形

故宫的整体布局为长方形，并且有一条从午门到神武门贯穿南北的中轴线，这条中轴线上所有的建筑物都是对称的结构。

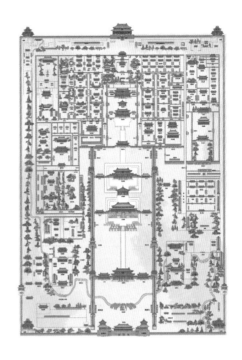

长方形的瞳孔

羊的瞳孔形状是长方形的。在开阔的草原上，左右宽、上下扁的瞳孔能使羊远距离就能看到两边的情况，判断四周是否有危险。

折叠出一个黄金矩形

1. 在一张矩形纸片的一端，利用下图的方法折出一个正方形，然后把纸片展平。

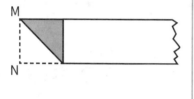

2. 如下图，把这个正方形折成两个相等的矩形，再把纸片展平。

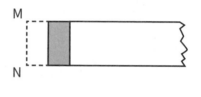

3. 折出内侧矩形的对角线 AB，并把 AB 折到下图中所示的 AD 处。

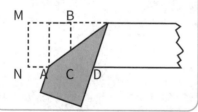

4. 展平纸片，按照所得的点 D 折出 DE，矩形 BCDE 就是黄金矩形。

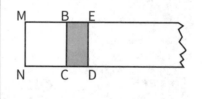

最有创意的数学家

"寻找最有创意的数学家！快带上你设计的四边形，来王宫加入PK，领取神秘大礼吧！"最近，国王发布了个告示，要选拔出最有创意的数学家。一石激起千层浪，这下，整个王国的数学家都跃跃欲试，想要证明自己的实力，小机灵也是其中之一。

当参加者聚集在王宫大殿上时，国王说："想要得到神秘大礼，得通过我的三关考验。第一关，你们设计的四边形，得上下平行。"于是，有的人设计了正方形，有的人设计了长方形，而小机灵另辟蹊径，设计了平行四边形，于是他们都过关了。

"第二关，你们设计的四边形，得左右平行。"国王说。几位数学家胸有成竹地通过了这一关。

"第三关，你们设计的四边形，只有两个角可以相等。"

这下，设计正方形和长方形的数学家被淘汰了，只有小机灵通过了所有的关卡，拿到了国王的大礼！

认识平行四边形

🍃 会动的四边形

平行四边形有四条边，其中两组对边分别平行。

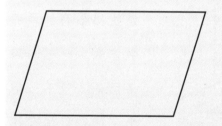

在同一个二维平面内，由两组平行线段组成的闭合图形叫作平行四边形。

🍃 生活中的平行四边形

建筑工人使用的升降台，可以通过"平行四边形"的各种变形把工人运送到高处。

伸缩门的秘密

伸缩门在生活中随处可见，这种门由钢铁制作而成，但是开关起来却非常轻便，你知道为什么吗？这是因为它是由一个个"平行四边形"部件组成的。平行四边形的4个角是不固定的，所以很容易发生变形。

会变形的折叠椅

现在，露营活动非常流行，很多人都喜欢带把折叠椅。原本所占空间较大的椅子，一经收缩，体积就变小了，便于人们随行携带。

养成思维

● **做个伸缩玩具**

准备工具: 剪刀、冰棒棍多条、小图钉多个、橡胶棒、打孔机。

1. 在冰棒棍的两端和中间各钻一个孔, 孔的大小要能放进一枚图钉。

2. 将橡胶棒用剪刀分成豌豆粒大小。

3. 图钉穿过中间孔, 并将其与橡胶棒钉在一起固定, 组成 1 个"×"。

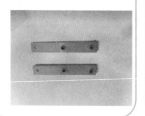

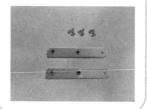

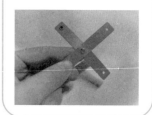

4. 按照同样的方法, 连接 2 个"×"的两端, 就得到 1 个平行四边形。

5. 重复第四步, 直至做到想要的长度, 就可以拿着简易的伸缩夹去试着夹一些物品了。

菱形的风筝

第9章

"小机灵，今天外面风好大，我们一起做一个风筝，把它放到天上去吧！"算盘猴说。

无聊之中的小机灵正愁没事做呢，便痛快地答应了算盘猴的建议。

"太好了！做风筝需要的材料——纸、木棍、胶水和线，我全部都准备好了！"

说干就干，他们俩分工合作，小机灵给算盘猴安排了做风筝纸的任务。只见算盘猴先把一张长方形纸对折，然后再对折，最后沿着长方形的对角线，剪下了一个三角形。当他展开后，这个三角形竟然变成了四边形。小机灵表扬算盘猴说："没想到，你竟然做出了菱形风筝！"

接着，小机灵将交叉的木棍粘贴在了算盘猴剪好的菱形纸片上，还在木棍尾部绑上了线。就这样，一只简易的风筝就做好啦！

菱形的特点

当平行四边形的四条边完全相等时，它就变成了菱形。

正方形是特殊的菱形。

生活中的菱形

水果网套

钻石切面

摩天大楼的菱形窗格

❀ 菱形纹

春秋战国时期，菱形纹经常被绣在衣服上作装饰。后来，人们设计出了方胜纹，即两个菱形互相重叠而成的纹样。由于两个菱形交织紧扣，因此也被称为"同心方胜"，有同心同德的寓意。

❀ 菱形铁栏杆

在西安城墙下，藏着隋唐时期的排水设施。里面有很多菱形的铁栏杆，考古学家们研究后发现，菱形栏杆能让水流更通畅，还可以防止被人破坏。

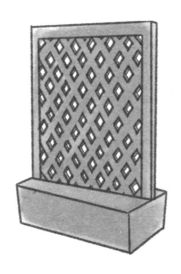

● 菱形肌

身体上的菱形肌，能使胸背舒展开来。

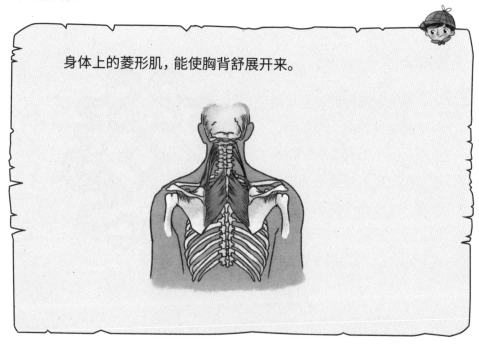

 养成思维

● 试一试

朵朵用 18 根牙签组成了一个六角星，请你重新排列其中的 6 根牙签，让这个六角星变成 6 个形状、大小完全相同的菱形。

答案：

搭个梯子好爬树

算盘猴拿着做好的风筝，来到方块广场。没想到，王国的居民们都拿着风筝出来了，甚至还开始比拼，看谁放的风筝最高。

算盘猴一看，也参与了进去。当把风筝放起来的时候，他高兴极了，心想：我的风筝飞得这么高，今天的风筝大赛，第一名肯定是我！

谁知，中途竟然发生了意外！算盘猴不断地往前跑想让风筝飞得更高时，却一不小心跌倒了！随后风筝也缓缓地落了下来，最后挂在了树上。这可怎么办？

正当算盘猴急得抓耳挠腮的时候，小机灵出现了。他搬来了一把梯子，搭在树上把风筝取了下来。算盘猴拿到风筝后，又开心地加入了放风筝大赛。

认识梯形

● 梯形的特点

两腰相等的梯形叫作等腰梯形。

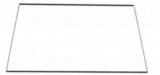

有一个角是直角的梯形叫作直角梯形。

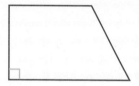

只有一组对边平行的四边形叫作梯形。平行的两边叫作梯形的底边，另外两边叫作腰。

● 生活中的梯形

梯子

足球球门

跳马玩具

堤坝为什么是梯形的？

为什么大坝会有个斜坡呢？其实，水坝的横截面是个梯形。由于水越深的地方，压强越大，大坝承受的压力也会越大。所以，大坝的下部要比上部更厚。

梯形的乐器——扬琴

扬琴是一种琴身呈梯形的乐器，音色清脆悦耳，悠扬动听，适合演奏欢快、活泼的乐曲。

自制梯形全息投影设备

准备工具：硬塑料片、小刀、胶带、笔、尺子、绘图纸

1. 画一个上底 1 厘米、下底 6 厘米、高 3.5 厘米的梯形。

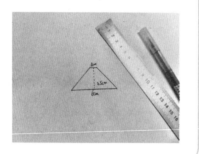

2. 将纸片剪下来，在硬塑料片上裁出相同的 4 个梯形。

3. 将 4 个梯形硬塑料片短边朝下、长边朝上，用胶带粘起来。

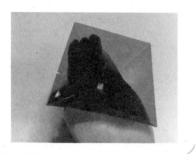

4. 将装置小口朝下放在手机上，全系投影设备就做好了！

乌龟"背"后的秘密

第11章

一个安静的午后，小机灵来到河边钓鱼，算盘猴在一旁捉虾。

突然，算盘猴兴奋地跑了过来跟小机灵说："快看，我抓到了一只乌龟！你瞧，龟壳上的形状可真漂亮啊！"

小机灵仔细地观察了一下，发现乌龟壳上藏着很多形状，最中间的一圈是六边形，第二圈是五边形，最外面一圈是小小的四边形。

小机灵说："算盘猴，其实龟背上的这些形状还藏着自然界中集合的奥秘呢！你瞧，这些形状，一个接一个地镶嵌在一起，形成了坚硬的龟壳，这就是数学上的镶嵌，也叫密铺，是图形之间不留空隙，也不重叠，平铺整个平面。"

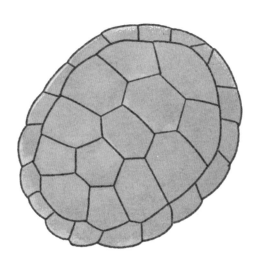

认识镶嵌图形

🔵 镶嵌的特点

在正多边形中，只有正三角形、正方形、正六边形才能镶嵌整个平面。

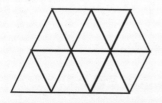

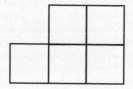

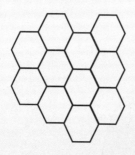

镶嵌也叫作"密铺"，是一种用多块相同的几何形状的图案不重叠也不留空隙地铺满平面。

🔵 生活中的镶嵌

用 4 块边长相等的正方形瓷砖，就一定可以得到一个正方形的平面镶嵌。

工人正在铺路，这也是一种镶嵌。

马赛克镶嵌

马赛克是一种镶嵌画、镶嵌艺术，有玻璃马赛克、陶瓷马赛克、金属马赛克等。在中国，比较常见的是玻璃马赛克，游泳馆的泳池用的就是蓝白色的玻璃马赛克。

泰姬陵的彩石镶嵌

泰姬陵是印度最负盛誉的历史名胜，以独具风格的建筑结构、历史价值、艺术成就等因素，被联合国教科文组织列入《世界文化遗产名录》。这其中，彩石镶嵌艺术所做出的贡献不可小觑！

 **养成思维**

● 找一找

这是三组镶嵌图形测试，你能从"复杂图形"中找出"简单图形"的轮廓吗？

序号	1	2	3
复杂图形			
简单图形			

奇妙的几何思维
多面体与旋转体

沈雪◎著

航空工业出版社

北京

内容提要

看似"高高在上"的几何，其实都源于我们的生活。打开这套书，你就会发现，原来几何还可以这么有趣！本书从生活实际出发，将与圆、三角形、正方形、球、正方体、多面体有关的几何知识融于侦探故事中，让几何问题变得更贴近生活、生动有趣。全书的内容包含但不限于6种图形，旨在为孩子构建全面的几何知识框架、培养良好的几何思维，引导孩子学会创造性地思考问题。

图书在版编目（CIP）数据

奇妙的几何思维．多面体与旋转体 / 沈雪著．— 北京 ：航空工业出版社，2024.4（2024.5 重印）
ISBN 978-7-5165-3709-1

Ⅰ．①奇… Ⅱ．①沈… Ⅲ．①几何—青少年读物
Ⅳ．① O18-49

中国国家版本馆 CIP 数据核字（2024）第 059430 号

奇妙的几何思维·多面体与旋转体
Qimiao de Jihe Siwei.Duomianti yu Xuanzhuanti

航空工业出版社出版发行
（北京市朝阳区京顺路 5 号曙光大厦 C 座四层　100028）
发行部电话：010-85672688　010-85672689

唐山楠萍印务有限公司印刷	全国各地新华书店经售
2024 年 4 月第 1 版	2024 年 5 月第 2 次印刷
开本：787×1092　1/16	字数：20 千字
印张：3	定价：168.00 元（全 6 册）

前言

数学一定是深奥的？几何一定是难懂的？停停停，千万别这么想！其实，看似"高高在上"的几何，都源于我们的生活。打开这本书，你就会发现，原来几何还可以这么有趣！

为什么有些圆柱形饮料瓶的腰部很细？为什么蛋奶布丁是圆台形状的？现代足球与正二十面体有什么关系？冰激凌的底座为什么是圆锥形的？

本书从生活实际出发，将与多面体、旋转体有关的知识点寓于有趣的侦探故事中，让几何变得更贴近生活、更生动有趣。读完这本书，你会在手不释卷的同时，惊叹于几何学的伟大力量。让我们一起出发，跟着侦探小机灵和算盘猴，去破解形状王国的案件，探索几何世界的奥秘吧！

目　录

小机灵

形状王国的侦探，拥有超乎寻常的智商，没有他不知道的几何知识！每次遇到案件时，他总会挺身而出！

算盘猴

小机灵的宠物，也是他的好朋友！会说话，会算术，总会在关键时刻帮上小机灵的忙！

第1章 粽子里的门道

端午节到了，形状王国一年一度的"包粽子大赛"又开始了。

参加比赛的包粽子能手们围成一圈，发令枪一响，便开始了包粽子。在他们灵巧的双手中，五花八门的粽子诞生了。

月亮婆婆包得最快，包出了一个四角粽。竹大叔最机智，使用竹子做道具，做出了竹筒粽。牧场的角大爷也不甘示弱，包出的牛角粽子造型很独特。不过，大家包的粽子造型还是四面体居多。

算盘猴左看右看，觉得很奇怪，问道："小机灵，为什么大家包的四面体形状的粽子最多呢？难道是为了让我们不管从哪边吃，都能一口吃到馅儿吗？"

小机灵听完差点儿笑翻了："你这个吃货大王！你好好看看，四面体是由四个三角形构成的，非常稳定，用水煮的时候，四面体形状的粽子不容易变形。"

认识四面体

用纸折出正四面体

1. 取一张纸条对折，如图将纸的一角对准折线折出一个三角形。

2. 沿着这个三角形的短边所在的折线折叠，得到一个等边三角形。沿着等边三角形的边不断折叠，把整张纸条折出 4 个等边三角形。

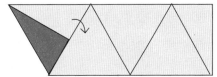

3. 展开折叠好的纸条，将多余的纸裁掉。

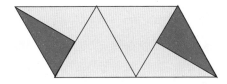

4. 将纸条的一端折叠一次，然后首尾相连。

5. 正四面体就做好啦！

得到的正四面体有四个顶点，任意两条边相交的地方都是一个顶点。

正四面体的底面和侧面都是等边三角形。

思维发散

稳定的三脚架

在户外拍照，摄影师的好伙伴——三脚架从不缺席。这是因为三脚架搭成的四面体形状很稳定，能够保证相机不抖动。

为什么一般的高压电线塔主体的形状是四面体？

生活中，最常见的电线塔也是四面体结构的。这种结构的铁塔质量轻，稳定性好。

三峡大坝的四面体截流石

三峡大坝的截流,是靠一种特殊的石头——截流石做到的。这种石头的造型很奇特,是一个四面体,重达 20 多吨。当人们把截流石扔进江水里时,它的任意一个尖角都可以插入江底的淤泥中,具有很好的稳定性。

 养成思维

猜一猜

下图是从两个不同角度观察同一个四面体的形状,将这个四面体展开,可能得到的图形是(   )。

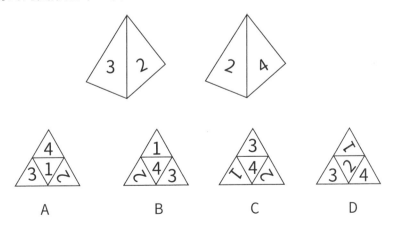

搭个空中木屋

第2章

最近，小机灵养了一只宠物仓鼠，准备给它搭个空中木屋。

为此，他来到木匠大叔家，想拿几块木板边角料。木匠大叔找来找去，一共找到5块废弃的板子。

小机灵开心地把木板拿回家，和算盘猴研究起空中木屋的搭法。

算盘猴比画来比画去，突然灵机一动，说："端午节刚过，不如搭个粽子形状吧？"

小机灵采纳了算盘猴的建议，结果在设计过程中发现，只需要用到4块木板。

怎么把第5块木板加进去呢？这可难倒了算盘猴。

小机灵发现，如果把4块木板切成三角形，另外一块木板作为底板，组合起来就是一个四棱锥，这样就可以充分利用所有木板了！

认识五面体

四棱锥也是五面体，由四个三角形和一个四边形构成。

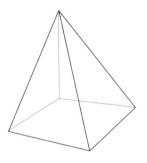

侧棱全部相等的五面体是三棱柱，也被称为"半正五面体"。

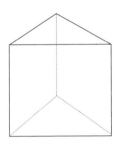

> 由五个面组成的多面体叫作五面体。

🎈 三角柱花

　　自然界中，仙人掌科的三角柱花造型很独特。它的茎杆呈三棱形状，茎节间会长出攀缘根，攀附他物生长，人们也叫它"三棱箭"或"量天尺"。

🎈 神秘的金字塔

　　埃及金字塔有着近乎完美的几何形状，几乎个个都是标准的正四棱锥形，底座是正方形，侧面由四个全等的三角形相接而成。

三棱柱、圆柱、长方体，谁的承重力最大

准备材料：3 张 A4 纸、胶带、书若干本

1. 将 3 张 A4 纸分别折成长方体、三棱柱或卷成圆柱的形状，并用胶带固定。

2. 在每个形状的纸柱上叠放图书，记录与比较不同的纸柱分别最多能放几本书。

实验结果揭晓：圆柱形的纸柱放的书最多。

知识链接

相比于三棱柱和长方体，圆柱没有转角与接角，受力更均匀，因而支撑力更强。

第3章 抓住偷瓜贼

　　早上，小机灵远远就闻到瓜田里飘来一阵阵清香，一打听，原来是瓜大叔种的西瓜熟了。小机灵赶紧带着算盘猴去买瓜，却在瓜田旁看到了难过的瓜大叔。一问才知道，昨晚瓜田里的瓜被偷了。

　　当时，瓜大叔听到瓜田里有动静，立马拿着手电筒赶过去，远远看见一个穿斗篷的小偷的背影。瓜大叔跑上前伸手去抓，一把抓住小偷的背，想看清他到底是谁。结果转了五圈，发现他每个面长得都一样。趁着瓜大叔走神的间隙，小偷一溜烟地跑了。

　　好在瓜大叔早就在瓜田里设下了陷阱，只要来偷瓜，一定会留下脚印。小机灵让瓜大叔带他去瓜田看了看脚印，是个五边形。

小机灵心里有了答案，跟瓜大叔说："这事儿肯定是五棱锥干的！瓜大叔，别担心，我一定替你讨回公道。"小机灵来到棱锥家族，把证据放在族长面前。族长听闻此事大怒，立刻找来五棱锥去给瓜大叔赔礼道歉。

六面体的家族成员

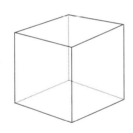

正方体

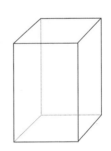

长方体

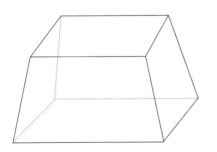

四棱台

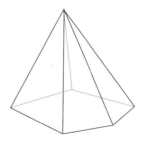

五棱锥

思维发散

🌰 打谷桶

在收割机诞生之前，人们都是靠人力打谷的。装谷子的容器是打谷桶，形状上宽下窄，是一个倒扣的四棱台。

🌰 平板冰山

2018 年，美国太空总署在南极拍到了一座方方正正的冰山，就跟人们平常吃的雪糕似的。其实，这种形状的"冰山"并没有什么奇怪的，它是冰架断裂的产物。

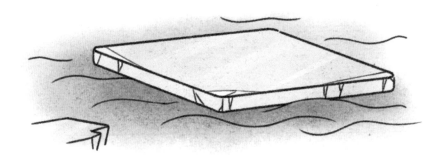

五边形变身 "五棱锥"

1. 用纸剪出一个五边形。

2. 再剪出 5 个一样的等边三角形。

3. 按以下方式拼在一起。

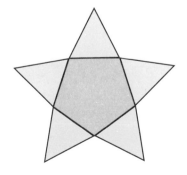

第4章 种水晶

　　最近，王国里到处都在流传烧杯君"种水晶"的故事。小机灵决定带着算盘猴去烧杯君那里探秘。到了烧杯君家，只见他面前放着一个有刻度的杯子，还有一堆白色粉末。

　　"烧杯君，你在做什么？""我正准备用这些明矾'种水晶'呢！"烧杯君将80℃左右的400毫升热水倒入杯子，然后一点点加入明矾粉末，一直搅拌，直到明矾无法溶解为止，"这就是明矾饱和溶液。"烧杯君一边做实验一边解说。

　　算盘猴等了半天，也没见到水晶。"别着急，你们1天后再来。"1天后，之前的杯子底部竟然有很多结晶！烧杯君从中选出一颗最大的，把它绑在线上，又放到原来的溶液里面。

　　3天后，小机灵和算盘猴来到烧杯君家。哇！烧杯君真的种出了一块大大的水晶！

认识八面体

常见的八面体

  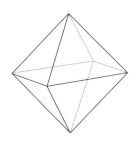

六棱柱   七棱锥   正八面体

正八面体由两个四棱锥组成。

漂亮的晶体

    在矿物世界里，矿物晶体的形状奇特而美丽。瞧，金刚石、萤石的晶体都是正八面体呢！

亚历山大灯塔想象图

埃及的亚历山大灯塔建于托勒密王朝时期，是古代世界的七大奇迹之一，1435年被毁。据文献记载，灯塔由4层构成，底层是一个正方形地基，第二层为八面体，第三层为由8根圆柱撑着一个圆顶，是灯体所在。第四层为海神波塞东的巨大塑像。许多埃及的早期伊斯兰教清真寺的尖塔都模仿了亚历山大灯塔的设计。

试一试

下图是正八面体的外表面，下面哪一项是由它折叠而成的（   ）。

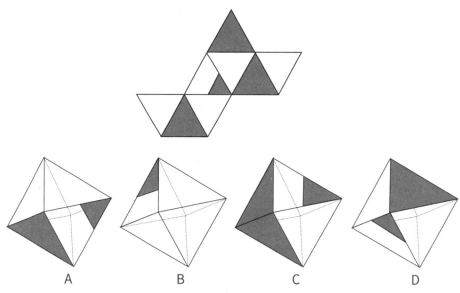

A   B   C   D

答案：D

第5章 参加游园会

端午节刚过不久，就迎来了七夕节。每年七夕，形状王国都会举办游园会。今年游园会的主题是"古风"，所以商贩们都装扮成古人的模样，兴奋地忙碌着。

听说游园会上还有猜灯谜活动，于是小机灵和算盘猴也跑来凑热闹。

花灯摊前早早就围着一堆人。小机灵挤进去一看，众多的灯笼中有一个精美异常的灯笼，形状是镂空的十二面体，每一面都装饰着一个生肖的图案。

摊主看他们想要这个灯笼，便告诉他们得答对小摊上的十二道灯谜才能得到。小机灵决定尝试一下。

"第一题，马路没弯，打一数学名词。"

"直径。"

"第二题，两牛相斗，猜一数学概念。"

"对顶角。"

"第三题，爷爷参加百米赛跑，猜一数学家。"

"祖冲之。"

……

就这样，小机灵将十二道题完美答出，最终抱得"美灯"归。

常见的十二面体

正十二面体的每个面都是正五边形。

十二面体会"变形"——菱形十二面体。

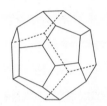

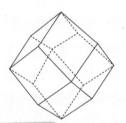

十二面体是具有十二个平面的多面体。

思维发散

神秘的罗马十二面体

罗马十二面体是一种不完整的铸铜合金十二面体,由英国约克郡的金属探测器发现。它有 12 个平面,每个面都是正五边形,五边形的每个角点上也装饰了一系列旋钮。但是自发现以来,人们一直没能确定它的功能。

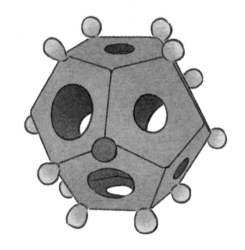

学做月历灯

准备工具：平铺图、剪刀、胶水、小木棍、小灯、装饰彩带

1. 沿着平铺图轮廓剪下图形。

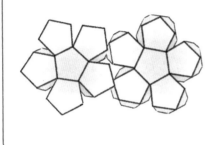

2. 将五边形的每一条边沿着实线折一下，方便成型。

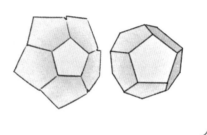

3. 在白色边上涂上胶水，把相邻面的公共边粘在一起。

4. 在白色纸张中心加入灯串和装饰品。把上半部分用胶水粘起来。成品就完成啦！

第6章 知识竞赛展风采

最近几天，形状王国的电视台一直在播报数学知识竞赛的新闻。新闻里说，冠军的奖品，是一个足球明星签名的珍藏版足球。

小机灵看到后，动了心，而且立刻就报了名。在一路过关斩将中，小机灵成功入围决赛。明亮干净的演播厅内，数学知识竞赛的决赛正在紧张地进行着，眼看就剩最后一道题了。

"请问，正多面体一共有哪几种？请全部答出，如有漏答或错答，都将被淘汰。"选手们先后给出了答案：有的选手答出了正方体，有的答出了正八面体，甚至还有人答出了正十二面体。但是，他们的答案都不全。

"好的，接下来请小机灵开始答题！""正多面体一共有五种：正四面体、正六面体、正八面体、正十二面体、正二十面体。"小机灵回答道。

"完全正确！让我们恭喜本次决赛最高分的获得者——小机灵，成为本次竞赛的冠军！"

正二十面体

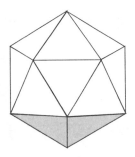

正二十面体

正二十面体由 20 个等边三角形组成。

正二十面体的平面展开图如下：

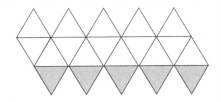

生活中的二十面体

如果切掉正二十面体的所有顶角，可以得到一个"五六六式多面体"。它由 20 个正六边形和 12 个正五边形组成。足球就是依此原理制作的。

腺病毒：典型的二十面体对称型结构。

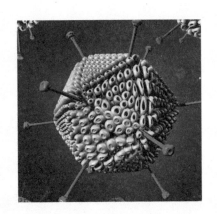

戴马克松地图

科学家富勒曾设计过一种特别的地图——戴马克松地图。他将世界地图投影到一个二十面体的表面，这个二十面体可以打开，成为二维平面图。

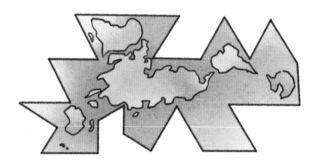

二十面体水晶骰子

人们曾发现一枚特殊的二十面体水晶骰子，每个面都有一个拉丁字母和一个相应的罗马数字。考古学家认为，这种骰子是用来占卜的。

用巴克球做出二十面球体

准备工具：180 颗巴克球

<table>
<tr>
<td>

1. 分出 9 颗巴克球，将球做成正三角形。

</td>
<td>

2. 按照相同的方法，做 4 个三角形并将其连接在一起。

</td>
</tr>
<tr>
<td>

3. 按照相同的方法，做 5 个条状的巴克球，并将其连接在一起。

</td>
<td>

4. 将条状的巴克球立起来，按照顺序吸在一起。

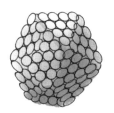

</td>
</tr>
</table>

第7章 特殊的多面体

思维发散

西方的异形骰子

西方人曾发明过许多异体形骰子，如十二面体骰子、二十面体骰子、三十面体骰子、四十八面体骰子，甚至还有一百面体骰子。他们还会用一个三棱柱来制作五面骰，将点数刻在侧棱上。

一百面骰

五面骰

十八面体煤精印章

陕西历史博物馆里珍藏着一枚特殊的印章，与平常四四方方的印章不同，它有着 8 条棱、26 个面，是一个十八面体的煤精石。其中正方形印面有 18 个，三角形印面有 8 个。

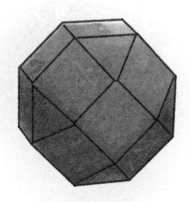

画室中的"静物组合"

画静物是学素描的基本功。画室中，老师经常会让学生们画石膏几何体，其中经典的"静物组合"有棱锥、正方体、球体、棱柱。

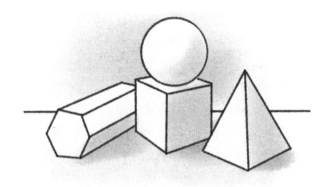

阿基米德多面体

把正四面体的每个角截去，就会得到一种特殊的多面体——截角四面体，它是阿基米德多面体的一种。

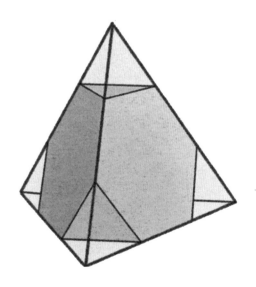

快递塔

　　科技公司推出的快递新产品——快递塔，高度超过 5 米，呈八棱柱体，能 24 小时全天候地无人自动传送投递。有了智慧快递塔，人们取快递更方便啦！

第8章 旋转木马转不停

"旋转木马转呀转，转了一圈又一圈，你上我下高又低，高高低低不停息……"

随着音乐响起，旋转木马就开始工作了。看着坐在旋转木马上开心大笑的孩子们，算盘猴十分羡慕。小机灵见状便带着他上去体验了一回，他终于满足了。

下来后，问题多多的算盘猴又发问了："小机灵，木马是怎么旋转起来的呢？"

面对算盘猴的提问，小机灵早就准备好答案了："你看到旋转木马中间的那个大杆子了吗？那是中心杆，它的顶部是一个硕大的45°大齿轮，你也可以叫它'圆锥齿轮'。它和每一个木马所在的杆顶端的小齿轮紧密咬合，当它绕圈运动时，就带动木马所在的杆旋转起来啦！"

听完小机灵的科普，算盘猴佩服地对小机灵竖起了大拇指。

旋转体家族

平面图形绕这个平面内的一条直线旋转一周所成的几何体叫作旋转体。

旋转的直线就是旋转轴。

矩形

直角三角形

圆柱

圆锥

直角梯形

半圆

圆台

球

航空训练的"三大神器"

为了提升飞行员的抗眩晕能力,飞行学院会准备各种抗眩晕器材来训练学员。

固定滚轮

旋梯

三维滚环

地球"歪着身子"转

我们拨动地球仪时，会发现地球仪是绕轴旋转的，那个轴就是地轴。不过，地球仪看起来是斜着身子转的。研究发现，地球倾斜的角度约为 23° 26′。

试一试

如果沿着旋转轴（红色线为旋转轴）旋转，下面的图会变成什么样？请补画出来。

犀牛打架了

第9章

"不好了，小机灵，有人说森林深处有两只犀牛在打架呢！"

算盘猴慌慌张张地跑进房来，告诉小机灵这个消息。

"犀牛打架？走，我们快去看看！"

小机灵和算盘猴走进了森林，循着声音找到了地方。

糟糕！眼前的两只犀牛为了争夺地盘，竟然用犀牛角攻击起了对方！

尖锐的犀牛角锋利又坚硬，是犀牛保护自己的武器。

森林里赶来围观的人越来越多，这时两只犀牛反而停止了打斗，向着远处跑走了。

算盘猴看得意犹未尽，说道："犀牛角的形状真奇怪，好像一个圆锥，跟我买的冰激凌也有点儿像。"

认识圆锥

把直角三角形沿着直角边旋转一圈后，会得到一个圆锥。

圆锥有两个面，底面是个圆，侧面展开图是一个扇形。

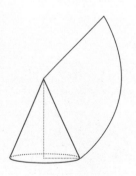

生活中的圆锥

冰激凌

女巫的帽子

舞台的射灯

鳄鱼的牙齿

鳄鱼的牙齿是圆锥形，它们的口中会有 60~80 颗牙齿。鳄鱼一生换牙 50 多次，加起来一共有 3 000 多颗牙齿。

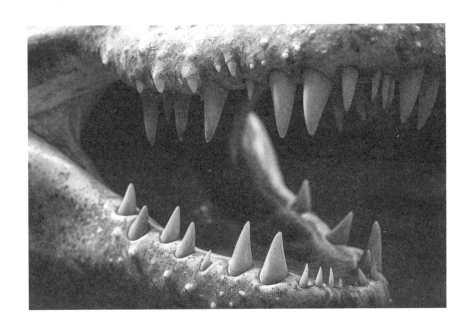

路障为什么要做成圆锥形？

圆锥形路障的表面是圆弧形，在上面贴反光条，各个方向的人都能看到。此外，圆锥的重心在下部，稳定性较好，不容易被风吹倒。

连一连

从前面、上面和右面观察圆锥，看到的是什么形状？先看一看，再连一连。

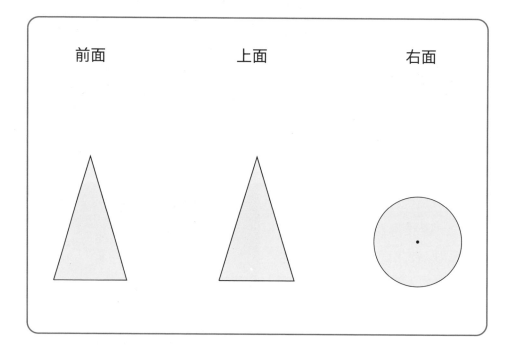

翻滚吧，圆柱体！

"大家好，我是主持人思思。一年不见，分外想念。欢迎大家来到一年一度翻滚大赛的现场。去年，我们见证了乒乓球、篮球等球类的亮相。今年的主题是'翻滚吧，圆柱体！'，不知道大家会玩出什么新花样呢？让我们拭目以待吧！"

翻滚大赛一共设立三道关卡，比赛规则是将翻滚的工具从一个斜坡滚下，三关都通过了才算成功。在热烈的掌声中，选手们依次上场，小机灵也在其中。

第一位选手选择了易拉罐作为他的参赛工具。在大家的注视下，易拉罐成功翻越第一关，可惜由于质量太轻，在第二关就停下了。第二位选手吸取教训，选择了一个塑料桶，里面装着满满的玩具。塑料桶穿过了第一关，又穿过了第二关，然而在即将穿越第三关时，玩具飞了出来。塑料桶挑战失败。第三位选手就是小机灵，只见他拿出了一个车轮胎……车轮胎一路过关斩将，安安稳稳地到达了终点！

小机灵拿到了冠军！这一次的奖品是一个木雕的笔筒，格外精致。

怎样做出一个圆柱?

方法 1: 把一个长方形的卡纸用双面胶粘在木棒上,快速转动木棒,你将会看到一个圆柱体幻影!

方法 2: 把一张长方形纸横着卷起来,使它的宽边对宽边(不要有重叠),用胶条固定,就制作出了一个"圆柱形"纸筒!

你还有其他方法能做出圆柱体吗?赶紧试一试吧。

为什么大多数杯子是圆柱体的?

在三棱柱、长方体和圆柱体中,如果材料用料相同,圆柱形的杯子能容纳的水最多。此外,圆柱体的弧面与手的接触面更多,可以增大摩擦力,使水杯不易滑落,安全性更高。

酒瓶的"细脖子"

如果你仔细观察,就会发现很多酒瓶都有一个细长的脖子。这是因为,在古代,人们为了能让酒多保存一段时间,就会把酒瓶做成细长的形状。这样一来,就能减少酒与空气的接触,防止变质。

养成思维

动动手

将圆柱体剪开，把它的侧面展开，你能得到什么平面图形？

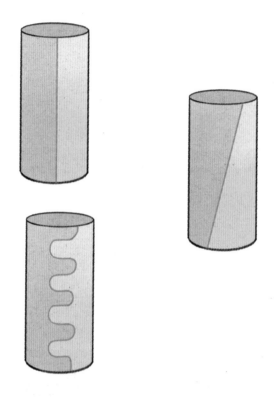

第11章

用望远镜看"超级月亮"

"据天文台发布的消息，今晚形状王国将迎来本年度最大的满月，也就是'超级月亮'。天文台专家表示，天文台是此次观月的最佳去处，欢迎民众前往赏月。"

看到新闻后，小机灵从家里翻出高清望远镜，带着算盘猴就赶往天文台。

等到了以后，他们发现已经有不少人在那儿等着了。

幸好，天文台还有最后一个望远镜的空位。小机灵立马走到了望远镜前调试，以便晚上看得更清楚。

看着望远镜的镜头一会儿变长，一会儿变短，算盘猴说道："小机灵，你觉不觉得望远镜就像是一个个帽子叠起来的？"

小机灵笑道："你这个算盘猴，想象力可真丰富！那可不是帽子，而是圆台体。好了，快看，超级月亮出现了！"

● 圆锥到圆台

用一个平行于圆锥底面的平面截去圆锥，底面与截面之间的部分就是圆台。

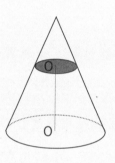

● 生活中的圆台

花盆

台灯灯罩

水桶

蛋奶布丁

作为甜品界的一员，蛋奶布丁有着可爱的外观，上棕下黄的圆台让人印象深刻。

火车车轮

在你的印象里，火车车轮是不是圆柱体的？其实不对哟，火车车轮近似于圆台，并且轮缘在内侧。

养成思维

🌑 自制一台天文望远镜

准备材料：彩笔、薯片桶、凸透镜 1 片、凹透镜 1 片、黑卡纸、剪刀、壁纸刀、UFO 胶、双面胶

1. 将黑色卡纸裁剪好。

2. 将黑卡纸折叠好，可以画上各种图案。

3. 再用另一张黑卡纸制作一个伸缩桶，方便使用的时候调焦距。

4. 用 UFO 胶将凸透镜与薯片桶粘在一起；凹透镜与伸缩桶粘在一起。简易望远镜就制作完成啦！

第12章 特别的旋转体

旋转体玩具

陀螺

拨浪鼓

竹蜻蜓

风车

组合旋转体——蒙古包

蒙古包是一种组合式的房屋，上方是一个圆锥体的房顶，底部是一个圆柱体的房间。

风力发电机

风力发电机的风叶绕中心轴转动，可以带动发电机发电。

奇妙的几何思维

完美的圆

沈雪◎著

航空工业出版社

北京

内容提要

看似"高高在上"的几何，其实都源于我们的生活。打开这套书，你就会发现，原来几何还可以这么有趣！本书从生活实际出发，将与圆、三角形、正方形、球、正方体、多面体有关的几何知识融于侦探故事中，让几何问题变得更贴近生活、生动有趣。全书的内容包含但不限于 6 种图形，旨在为孩子构建全面的几何知识框架、培养良好的几何思维，引导孩子学会创造性地思考问题。

图书在版编目（CIP）数据

奇妙的几何思维．完美的圆 / 沈雪著．— 北京：
航空工业出版社，2024.4（2024.5 重印）
ISBN 978-7-5165-3709-1

Ⅰ．①奇… Ⅱ．①沈… Ⅲ．①几何－青少年读物
Ⅳ．① O18-49

中国国家版本馆 CIP 数据核字（2024）第 061184 号

奇妙的几何思维·完美的圆
Qimiao de Jihe Siwei.Wanmei de Yuan

───────────────────────────────

航空工业出版社出版发行
（北京市朝阳区京顺路 5 号曙光大厦 C 座四层　100028）
发行部电话：010-85672688　010-85672689

唐山楠萍印务有限公司印刷　　　　　　全国各地新华书店经售
2024 年 4 月第 1 版　　　　　　　　　2024 年 5 月第 2 次印刷
开本：787×1092　1/16　　　　　　　　字数：20 千字
印张：3　　　　　　　　　　　　　　　定价：168.00 元（全 6 册）

前 言

数学一定是深奥的？几何一定是难懂的？停停停，千万别这么想！其实，看似"高高在上"的几何，都源于我们的生活。打开这本书，你就会发现，原来几何还可以这么有趣！

圆怎么会上天入地？天狗吃掉了月亮，月亮会变成什么样？喜欢藏一半露一半的形状长啥样？打出完美的水漂，要挑选什么样的石头？那么多奇怪的螺旋，跟圆有什么关系？

科学家曾说，圆是最完美的图形。以上那些问题，都跟完美的圆有关。本书从生活实际出发，将与圆有关的知识点寓于侦探故事中，让几何变得更贴近生活、更生动有趣。读完这本书，你会在手不释卷的同时，惊叹于几何学的伟大力量。让我们一起出发，跟着侦探小机灵和算盘猴，去破解形状王国的案件，探索几何世界的奥秘吧！

目 录

人物介绍

小机灵

形状王国的侦探，拥有超乎寻常的智商，没有他不知道的几何知识！每次遇到案件时，他总会挺身而出！

算盘猴

小机灵的宠物，也是他的好朋友！会说话，会算术，总会在关键时刻帮上小机灵的忙！

第1章 上天入地的圆

小机灵是形状王国的侦探。

这天，他收到一封信，信上写着：有个形状真神秘，上天入地好容易，没有棱来没有角，中心向外等距离。要是你也寻不出，形状王国意外起。神偷留。

"'上天入地好容易'，不就是天上也有，地上也有吗？"算盘猴嘀咕道。

"算盘猴，你太聪明了！"小机灵微微一笑，已经猜到了那个神秘的形状是什么了。

小机灵叫来附近的邻居帮忙。他先把棍子插在地上，把绳子对

折后找到中点，并将它绑在棍子上，然后让大家站成一排。"第一个人拿着绳子的一端，第二个人拿着绳子的另一端，站好后，再换两个人拿绳子，这两个人跟之前的两个人紧贴在一起。"小机灵指挥道。不一会儿，大家都站好了。

"大家看，你们所有人从绳子到棍子的距离都一样，这就是一个圆。你们站的这一圈，就叫作圆周。"小机灵解释道。

"小机灵，这就是你说的会上天入地的形状吗？可是它只在地面上，天上还没有呢。"算盘猴问道。

"再等等，到晚上你就知道了。"小机灵卖了个关子。

到了晚上，正好赶上农历的十五，小机灵指着天上的那轮圆月说道："算盘猴，现在你看到了吧，圆也在天上呢！"

● 圆的特点

从圆心到圆上任意一点的距离都是相等的，这个距离叫作半径。

通过圆心点将圆一分为二的线段叫作直径。

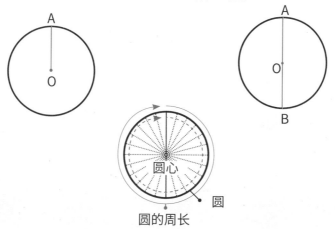

一条一定长度的线段绕着一个中心点旋转，最后回到起点，就构成了一个圆。这个中心点叫作圆心，围成圆的曲线的长度就是圆的周长。

慧眼识"圆"

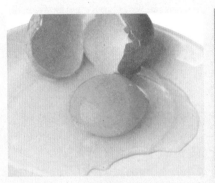

蛋黄　　　　　　　　　　　　　表盘

稳定的圆

　　为什么人们在看热闹的时候，会围成一个圆形呢？这是因为围成圆后，无论圆周的人怎么运动，都能与热闹的点（圆的中心）保持一样的距离。

为什么自然界存在这么多"圆"

所有的物体间都存在着吸引力,慢慢聚合在一起后最初是不规则的。但随着中心的引力作用慢慢向中心靠拢,越积越多,渐渐就趋向于球形了,轮廓看上去也接近圆形。

向日葵

拿一根线,将线的一头固定好,再拿着线的另一头转一圈,看看你能不能画出一个圆?试一试吧!

第2章 天狗"吃"掉了月亮

中秋节马上就到了，形状王国一年一度的篝火晚会也随之而来。中秋节前一天，人们张灯结彩，喜迎中秋。

"不好了！天狗要把月亮吃掉了！"突然，一声尖叫打破了热烈快乐的氛围。这声音来自住在湖边的线婆婆。

很快，小机灵闻讯来到了湖边。他抬头一看，只见原本是一个完整的圆月亮，现在居然缺了个角。不一会儿，缺口越来越大。线婆婆在一旁说："每到月圆之夜，天狗就会悄然而至，把月亮一〇一〇吃掉。只要我们敲锣打鼓，天狗就会被吓跑！"

"哪有那么玄乎！大家不要害怕，今天，我小机灵就给大家把这个'天狗吃月亮'的案件破了！"

小机灵将形状王国的居民召集到湖边，拿起一根棍子画了三个圆，然后解释道："我们平时看到月亮的光是月亮反射的太阳光。看好了，现在假如左边这个是太阳，中间的是地球，右边的是月亮，当这三个圆在同一条直线上时，由于地球在太阳和月亮之间，月亮会逐渐完全进入地球的影子里，原本明亮的月亮就会逐渐变暗。要知道，月亮可是会自转的，在它自转的过程中，月亮遮住地球的部分会越来越大，变暗的部分也越来越多，就像天狗在一点点吃掉月亮。其实，这种现象有自己的名字，叫'月全食'。"

认识"月相"

我们在地球上看到的月亮一共有八种形态。

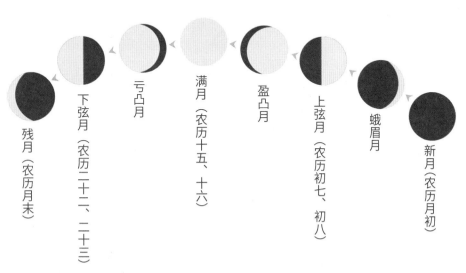

残月（农历月末）

下弦月（农历二十二、二十三）

亏凸月

满月（农历十五、十六）

盈凸月

上弦月（农历初七、初八）

蛾眉月

新月（农历月初）

（本图为面向南方，左为东、右为西）

7

月食证明了地球的形状

发生月食时，月球被挡住的部分会变成不同的圆弧形，这说明地球是圆的。

不理解？没关系，让我们来做个实验。

如果地球是个三棱锥体，那么月食出现时，人们会看到球面三角形的影子。

如果地球是个正方体，那么月食出现时，人们会看到正方形的影子。

只有当地球是一个球体的时候，才符合我们日常看到的现象。因此，月食可以证明地球是球体的。

养成思维

小朋友们，记录月相的方法多种多样，有创意的小朋友还会用奥利奥饼干记录呢，快来帮忙补全吧！

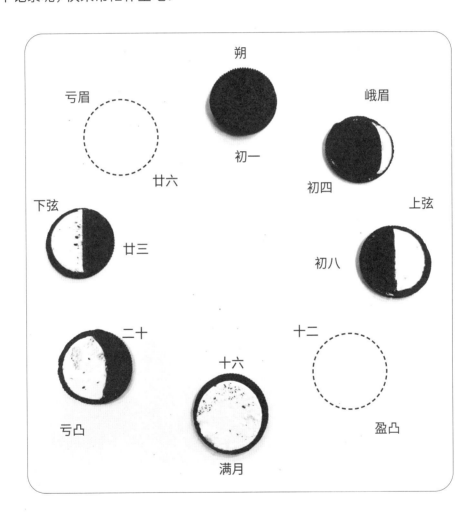

第3章

失踪的扇子

夜色初至，篝火晚会马上就要开始了！然而，正当所有事情进行得有条不紊时，突发状况出现了！管理道具的小月牙说："怎么办，扇子全都不见了？那可是压轴节目扇子舞的必备道具啊！"

小机灵挺身而出，号召大家在道具室里找一找替代品。

"小机灵，我找到了一把扇子，你看它圆圆的，像我们看到的月亮呢！"算盘猴第一个找到了团扇。"大家注意了，我们要找的是扇形的扇子，样子看起来就像生活中常见的折扇。"小机灵发布了"新任务"，大家开始热火朝天地寻找起来。

"小机灵，你看我找的扇子对吗？"小月牙展示出了一把半圆形的扇子。"小月牙，你太棒了！没错，半圆形也是扇形的一种！"小机灵开心地说道。

在小胖的启发下，算盘猴向乘凉的阿婆借了把手中的折扇。小机灵看到折扇后，灵光一闪，找来一堆硬纸壳和画笔，照着折扇的形状，做了好多个"纸折扇"。接着，他又用画笔涂上颜色，粘上装饰品。就这样，大家齐心协力，成功解决了这次"丢扇"危机。

扇形的特点

顶点在圆心上，角的两边与圆周相交的角叫作圆心角。

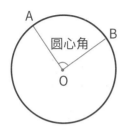

将大扇形沿着下方剪掉一个小扇形，就能得到一个扇环。

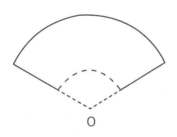

扇形是圆的一部分。圆上AB两点之间的距离叫作弧，连接圆心和弧AB，所围成的图形就是扇形。

"善变"的扇形

在一个圆中，扇形的圆心角越大，扇形的面积就越大。不过，扇形可是很"善变"的哟！不信你瞧：

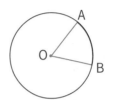

当圆心角是锐角时，扇形就是锐角扇形。

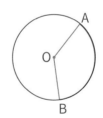

当圆心角是钝角时，扇形就是钝角扇形。

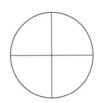

当圆心角是直角时，扇形就是直角扇形。

● 扇形树叶——银杏叶

银杏叶呈扇形，在种子植物中很特别。

● "长眼睛"的扇贝

扇贝边缘（圆弧处）有一个个深色小点，这些是它的眼睛，一共有一百多个。

答案：只有第 1 个和第 4 个是扇形，分别是锐角扇形和平角扇形。因为由弧和经过这条弧两端的两条半径所组成的图形才是扇形。

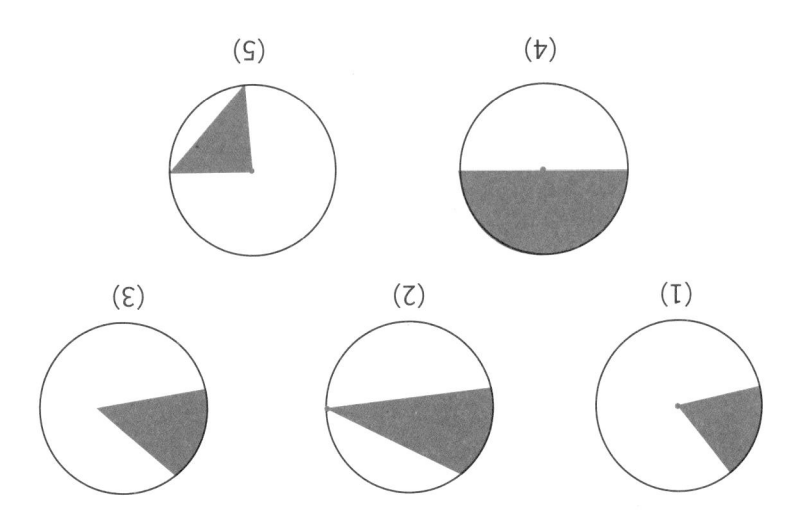

(5)　　(4)

(3)　　(2)　　(1)

下图各图中的涂色部分，是不是扇形？为什么？

第4章 藏"一半"露"一半"

扇子舞刚结束，小月牙就在扇子堆里发现一封宣战书："致小机灵：要想找到扇子，先找到我再说。提示：我的藏身之地在'一半'里。神偷留。"小月牙赶紧将信拿给了小机灵。小机灵看完信，正思索着。此时，算盘猴先叫了起来："一半？一半的东西多得是。这个小偷真奇怪，偷了扇子还要打哑谜！"小机灵一拍脑门儿，说道："算盘猴，他偷的是扇子，有些折扇全部展开就是半圆，答案就是圆的一半！"

小机灵和算盘猴立马出发寻找半圆形。第一站是扇大叔的家，扇大叔最喜欢扇子，就连大门都做成了半圆形。可是，他们一无所获。

第二站是山上的天文台，它有着一个特别的"半圆形脑袋"，可惜小偷也不在这儿。回去的路上下雨了，算盘猴有些泄气，看着远处撑伞的人说："伞侧面看也是半圆形的，难不成小偷还能藏在伞里？"

小机灵没说话，只是继续往前走。

经过一处拱桥时，小机灵看着桥的倒影，灵光一闪，急忙来到桥下，果然在这里找到了小偷的踪迹。遗憾的是，小偷早就跑了。

● 折出一个半圆

1. 找一张圆形纸张。

2. 将纸张对折。

3. 当当！半圆出现啦！

● 慧眼识半圆

七星瓢虫的翅膀

雨伞的侧面

蘑菇的侧面

思维发散

● 奇怪的"半圆球形脑袋"

天文台的屋顶是半圆球体的。科学家们在天文台的"半圆球体脑袋"上开了个巨大的天窗，方便天文望远镜通过屋顶，观测到各个角度的天空。

● 只有一半的彩虹

彩虹是圆的，那为什么我们平常看到的彩虹只有一半呢？哈哈，还有一半在地平面下方呢！

窑洞的窗户

窑洞的窗户顶部呈半圆形，圆拱的高窗不仅让空间显得很高很大，采光也更好。

养成思维

任意选择一个或多个半圆形，添画几笔变成新的图案，看看谁画的图案最有趣！

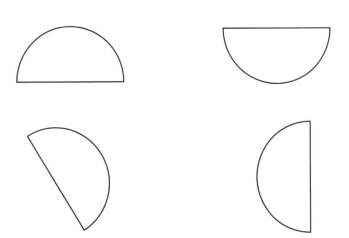

被偷走的月饼

第 5 章

中秋赏月会到了。

"当当当……中秋大月饼出炉啦！"伴随着方厨师的声音，圆滚滚、胖乎乎的月饼终于出场啦！

"小机灵，你看，月饼中间怎么有切痕呀？每年的月饼不都是国王来切吗？"贪吃的算盘猴注意到了一个小细节。

小机灵定睛一看，不仅发现月饼上有两条细细的切痕，而且似乎比往年的都要小一些。

小机灵觉得不太对劲，便悄悄带着算盘猴潜入厨房一探究竟。算盘猴顺着一股香味，来到角落里的橱柜，打开后居然发现里面有两块长条形的月饼！看来，月饼被方厨师藏起来了一部分！

"小机灵，为什么圆形的月饼切下来两块，还是圆形的呢？"

算盘猴百思不得其解。

　　小机灵在厨房里找了一个面团,擀成圆饼,然后从中间切了一条;他把两块面饼合拢,从中间又切下一条;最后,他将四块面饼放在一起。

　　算盘猴一看惊呆了!原来,这就是方厨师为了偷吃想出来的瞒天过海之计!

1.找一个圆饼,从中间切两刀。　　2.合并切开的饼。

3.旋转90度,先从中间切两刀后,再次合并切开的饼。

比萨为什么是圆形？

比萨之所以被做成圆形，是因为这样就能用最小的面团做出较大面积的比萨饼。同时，将比萨饼做成圆形，饼受热的面积会更大，更有利于烘焙哟！

知识链接

在周长相同的情况下，不同形状的圆形中，圆形的面积是最大的。

养成思维

今天是小小的生日，她带了一个蛋糕想跟同学们分享，你知道怎么切蛋糕才公平吗？

知识链接

饼状图，是把圆划分为若干个部分以表示比例关系的统计图。在均分的饼状图里，扇形的数量越多，单个扇形的面积就越小。

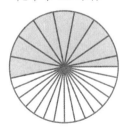

一共有 32 个人时

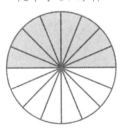

一共有 16 个人时

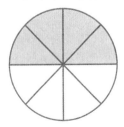

一共有 8 个人时

答案：

把圆压扁了

第6章

"小机灵，没想到你上次还真能找到我的藏身之处，不过我神偷可不会轻易认输。今天晚上八点，我在月亮河边等你来一决胜负！"

到了约定时间，小机灵准时赶到河边。神偷说："小机灵，我们今天就来比一比，一人三块石头，看谁打得水漂更多！要是你赢了，我就告诉你上次失踪的扇子在哪儿。"小机灵同意了。

于是，二人开始在河滩上找石头。神偷很快就找好了，小机灵却蹲在一堆石头边，不紧不慢地挑挑拣拣。过了好一会儿，小机灵终于挑好了他想要的石头。算盘猴观察了一下，那三块石头瘦瘦扁扁的，看起来很像椭圆形。

比赛开始了。神偷的三块石头飞出后，在水上漂了好远，每块都打出十几个水漂。接着，小机灵自信出手，第一块石头竟然就打了 25 个水漂！剩下两块石头的表现也不落下风。神偷落败，只好乖乖告诉了小机灵扇子的下落。

"小机灵，你快告诉我打水漂的秘诀吧！"算盘猴着急地道。

"要想水漂打得好，工具必须得选好。我挑的那几块石头扁平且光滑，最重要的是，它们都是椭圆形的，非常适合'水上漂'。"小机灵刚说完，算盘猴就埋头找石头去了。

将一根绳子的两端固定，用笔尖勾起绳子的一点，画一个圈，就会得到一个椭圆。两个端点叫作椭圆的焦点。

椭圆有两条标准作图半径，一条最长，一条最短，被称为长半径（OA）和短半径（OB）。

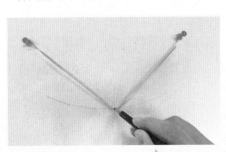

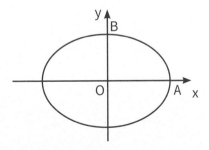

椭圆是圆形的一种。椭圆是由圆形变成的长圆形，比圆形扁。

会变形的椭圆

水杯放平，水面是一个完美的圆形。但稍稍倾斜，嚯，椭圆形出现了！

远远看去，桌上有一个椭圆形的盘子。走近仔细一看，这居然是个圆盘！

香蕉片正着切长这样，真圆啊！斜着切居然变成椭圆形了！

咦，这个钟明明是正圆形的，怎么站在侧面看，它就变成椭圆形了？而且，站得越偏，钟面越狭长哟！

在一个黑暗的房间里，打开手电筒，请你记录不同角度下光影不同的形状。

棒棒糖串一起

第7章

"算盘猴，你又偷吃棒棒糖！"小机灵愤怒地看着算盘猴。

为了平息小机灵的怒火，算盘猴赶紧从口袋里拿出另一根棒棒糖，讨好地说："我可没忘了你，还给你带了一根哟！"虽然这个举动让小机灵稍微消了气，但他还是想让算盘猴吸取些教训。

小机灵将两个棒棒糖的糖球放在一起，说："算盘猴，你也知道圆是最完美的图形，那你知道，两个圆在一起是什么图形吗？"

"两个最完美的图形？"算盘猴挠了挠头，不确定地说道。

"不对！算了，我换个简单一点儿的问题吧：两个圆相交在一起，有一个学名。你说得出来，我才会把棒棒糖还给你。"小机灵继续"为难"算盘猴。

"给你一个提示，它的名字就藏在我刚刚说的那句话里哟！"

"哦，我知道了！是相交圆！"算盘猴恍然大悟。

圆与圆的关系

判断方法

两个圆在一起，有 5 种位置关系。

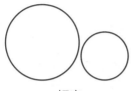

相离

相切（外切）

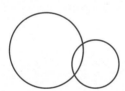

相交

相切（内切）　　　包含

两个圆相交时的点，被称为交点。当两个圆相切（外切、内切）时，交点只有1个；相交时，交点有2个。

生活中的相交圆

糖葫芦

奥运五环

机器的齿轮

● 硬币悖论

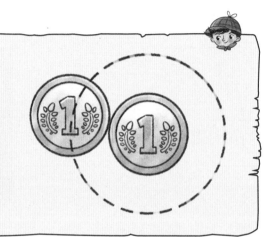

　　将两枚硬币上下整齐摆放，然后将上面的硬币沿着下面的硬币转回原来相交的位置。上面的硬币转了两圈，这就是有名的"硬币悖论"。

养成思维

当2个圆相交时，交点最多有2个。

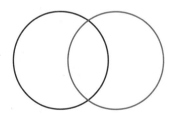

当 3 个圆相交时, 交点最多有 6 个。

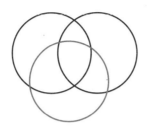

当 4 个圆相交时, 交点最多有 12 个。

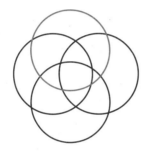

平面上 10 个圆两两相交, 最多有多少个交点? 画画看。

答案: 90 ↓°

第8章 只有一颗"心"的年轮

最近，算盘猴的行踪一直神神秘秘的。有一天，小机灵一整天都没看到算盘猴，着急得不行。他在家里翻了翻，发现了松子、松针和松果。

"这一定是算盘猴带回来的，难道他去了森林的百年松树那边？"小机灵想。

小机灵向森林出发，果然在松树前发现了流泪的算盘猴。"小机灵，你怎么来了？唉，不管了……你快看，这棵百年老树被人给砍了！"

"最近你一直往外跑，就是为了这棵树啊！"

"对啊，我前两天得到一幅'藏宝图'，上面说最好的东西就藏在百年老树的'心'里，图上还有很多个圆圈，就像水波纹一样。"算盘猴坦白道，"我今天好不容易才找到了百年松树，结果它却被砍了。"

小机灵安慰道："算盘猴，别难过了，其实你已经找到了宝藏。你瞧，这棵百年松树的年纪已经通过年轮显示出来了，而且处于中心的'心材'，就是这棵树材质最好的部分。"

认识同心圆

同圆与同心圆

圆心相同且半径相等的圆叫作同圆。

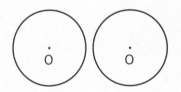

圆心相同，半径不相等的圆，叫作同心圆。

生活中的同心圆

洋葱

甜甜圈

卫生卷纸

年轮的秘密

把树木横向锯开，我们会看到横截面上布满了一个个同心圆。这就是树木每年新长出的环状结构，叫作生长轮，也就是年轮。两个年轮线中间为一个年轮，我们可以通过年轮的多少来判断树木的年龄。年轮越多，树龄越大。

养成思维

下面的圆哪一组是同心圆？

答案：第一个。

第9章 大圆套小圆

小机灵跟算盘猴决定去王国最近的热门旅行地——圆塔玩一圈。

算盘猴看着景区的图片，笑着说："这圆塔的造型真奇特，大圆套小圆，中间是个圆天井。"小机灵听了灵机一动，想考一考算盘猴。"那看到这个形状，你还能想到什么吗？"

算盘猴转了转眼睛，立马说道："我知道，像救生圈！"小机灵鼓掌道："哈哈，说对了！你瞧，在大圆和小圆之间的那个形状，有个学名，叫作圆环！"

说完，他们一起进到塔内。逛到塔的最高层，小机灵突然发现了神偷的身影，他正准备偷游客的钱包！这次可不能放过他！

小机灵立刻追了上去，结果半天都没追到。正在懊恼之际，小机灵忽然想到之前算盘猴说的圆塔的形状。这下，小机灵也不跑了，就站在原地，等着神偷自投罗网！果然，小机灵最终抓到了神偷，并把他绳之以法！

认识环形

环形的特点	生活中的环形

环形的特点

环形是一个环状的几何图形，也就是我们常见的圆环。

环形的面积就是一个大圆减去里面一个小同心圆剩下的部分。

生活中的环形

环形建筑

游泳圈

手镯

环形的福建土楼

福建土楼是典型的环形建筑，有单环和多环的区别，多以一圈圈的公共走廊连接。

环岛谁让谁

城市中，我们经常能见到环形路口，也叫作"环岛"。车辆只要沿着环岛向外边走，就能驶离环岛。

有几个圆环杂乱地堆放着，如果把最上面的圆环拉起来，那么9个圆环当中会有几个没有被拉起来？请用彩色笔涂出来。

偷井盖的贼

形状王国出了一则大新闻：昨晚一夜之间，王国里的井盖全部都丢了！侦探小机灵不得不再次出马。

他到现场勘察了一番，发现地上有很多条细长的线条状痕迹。经过分析，小机灵认为，偷井盖的贼一定是把圆形的井盖立起来推走的！

"那就简单了，只要沿着这些线，就能抓住这个井盖大盗啦！"算盘猴高兴地跳起来。

等沿着线探查时，他们却发现痕迹在湖边消失了。线索没有了！

这时，小机灵想到了一个好主意——再造一个井盖，引蛇出洞！

不过，这次他造了一个方形的井盖，并放出消息，称方井盖里有宝藏。

一个夜黑风高的晚上，井盖大盗果然再次出现。他把方形井盖撬开，刚准备推着走，结果发现怎么推都推不动。正在急得满头大汗时，他被赶来的小机灵抓了个正着！

找两个大小相同的瓶盖，让右边的瓶盖固定不动，左边的瓶盖绕着这个瓶盖的圆周转动，如下图所示。

如果左边的圆转动 1 周回到原处，那么它自身转了几圈呢？

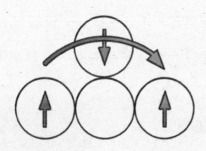

如上图，两个半径一模一样的圆，其中一个绕另一个公转了半圈的时候，实际上它已经自转了 1 圈。如果绕另一个圆公转一整圈，那么它自转了 2 圈。

井盖一定得是圆形的吗?

常见的下水道井盖都是圆形的。这是因为:

1.圆的每一条直径都一样长。这样,井盖就不容易掉进下水道中。如果井盖是长方形的,那么当比较短的一边朝下时,井盖就容易掉进下水道中。

2.圆形井盖使用起来更方便。方井盖使用时需要调整角度,对准四个角,圆井盖则不用。

3.圆形井盖可以滚动,搬运起来更省力。

养成思维

1. 拿出一张长方形的纸张。

2. 在纸张上分别画上一个正方形和一个圆形，用美工刀裁下来。

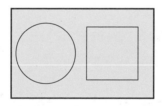

3. 用圆形纸片和正方形纸片试着以不同角度穿孔，想一想，哪个更容易穿孔呢？

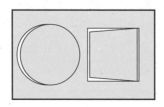

转动的轮子

第11章

　　形状国王准备在月亮河对岸造一个公园。要造公园，先得造桥。月亮河河水湍急，物资很难运送到对岸。建筑师请来了聪明的小机灵，让他想想办法。小机灵探查一番后，回来说："对岸有一整片森林，只要把工具带到对岸，将大树砍倒做成木材运到河边，就可以造桥了。"建筑师同意了小机灵的提议。

　　然而，工人们又遇到了一个大麻烦——木材太重了，工人们根本挪不动。小机灵想到一个好主意：他先让工人们砍下一棵大树，锯成一段段圆木放在下面；接着让工人打造一块木板，将木板放在圆木上，再放上木材。一切就绪后，工人们一推下面的圆木，圆木居然动起来了！

　　算盘猴在旁边说："这个方法我也知道，早在古埃及时期，人们就会用圆木滚轮搬运建造金字塔的石块了！"

　　最后，在小机灵的帮助下，工人们利用圆木顺利地将木材"滚"到了河边，桥就这样建起来了。

车轮的前世今生

滚木搬运大石头。

圆圆的木板当轮子。

木板改为辐条车轮，可以减轻质量。

木轮边加上铁皮，可以增加耐磨性。

木头轮胎变成橡胶轮胎，可以减少颠簸。

生活中转动的轮子

水车

旋转木马

平衡车的车轮

● 三个轮子的"汽车鼻祖"

1886 年，德国工程师卡尔·本茨制成了世界上第一辆以汽油为动力的汽车——奔驰一号。遗憾的是，这辆"汽车鼻祖"只有三个轮子，速度也很慢，每小时只能行驶 15 千米。

● 摩天轮是这样修建的

一般情况下，工人会先架起两个巨型支架安装轮环，再将外圈的大轮一个一个地安装上。简单来说，就是先安装扇形，然后组装成圆形巨轮。

以下有两辆火车是一模一样的，请你找出来。

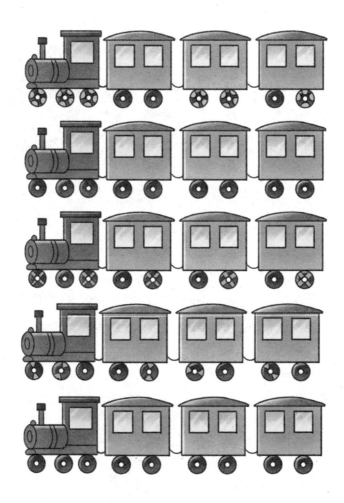

提示：注意看轮子。

奇妙的几何思维

稳定的三角形

沈雪◎著

航空工业出版社

北京

内容提要

看似"高高在上"的几何，其实都源于我们的生活。打开这套书，你就会发现，原来几何还可以这么有趣！本书从生活实际出发，将与圆、三角形、正方形、球、正方体、多面体有关的几何知识融于侦探故事中，让几何问题变得更贴近生活、生动有趣。全书的内容包含但不限于 6 种图形，旨在为孩子构建全面的几何知识框架、培养良好的几何思维，引导孩子学会创造性地思考问题。

图书在版编目（CIP）数据

奇妙的几何思维．稳定的三角形 / 沈雪著．— 北京：航空工业出版社，2024.4（2024.5 重印）
ISBN 978-7-5165-3709-1

Ⅰ．①奇… Ⅱ．①沈… Ⅲ．①几何—青少年读物
Ⅳ．① O18-49

中国国家版本馆 CIP 数据核字（2024）第 059801 号

奇妙的几何思维·稳定的三角形
Qimiao de Jihe Siwei.Wending de Sanjiaoxing

航空工业出版社出版发行
（北京市朝阳区京顺路 5 号曙光大厦 C 座四层　100028）
发行部电话：010-85672688　010-85672689

唐山楠萍印务有限公司印刷　　　　　全国各地新华书店经售
2024 年 4 月第 1 版　　　　　　　　2024 年 5 月第 2 次印刷
开本：787×1092　1/16　　　　　　　字数：20 千字
印张：3　　　　　　　　　　　　　定价：168.00 元（全 6 册）

前言

数学一定是深奥的？几何一定是难懂的？停停停，千万别这么想！其实，看似"高高在上"的几何，都源于我们的生活。打开这本书，你就会发现，原来几何还可以这么有趣！

大雁为什么会排成"人"字形飞行？交通警示牌为什么要做成三角形？春分的时候，有技巧的人都是怎么竖蛋的？把雪花放到无限大，是什么形状？地震时，为什么躲在墙角更安全？好玩的七巧板里，缺一不可的图形是哪个？

当当当……欢迎来到三角形的世界！上面那些问题，都跟三角形有关。本书从生活实际出发，将与三角形有关的知识点寓于有趣的侦探故事中，让几何变得更贴近生活、更生动有趣。读完这本书，你会在手不释卷的同时，惊叹于几何学的伟大力量。让我们一起出发，跟着侦探小机灵和算盘猴，去破解形状王国的案件，探索几何世界的奥秘吧！

目 录

人物介绍

小机灵

形状王国的侦探，拥有超乎寻常的智商，没有他不知道的几何知识！每次遇到案件时，他总会挺身而出！

算盘猴

小机灵的宠物，也是他的好朋友！会说话，会算术，总会在关键时刻帮上小机灵的忙！

快！组成三条边

"1、2、3……"

小机灵和算盘猴躺在沙地上，无聊地数着天上飞行的大雁。

数着数着，小机灵突然起身从旁边拿起一根棍子，在地上画了起来。

他先画了一条线段，然后在线段的尽头拐了个弯，又画了一条线段，围成了一个封闭的图形。

"算盘猴，你猜猜，这是什么图形？猜中了，今天就奖励你一根香蕉！"

聪明的算盘猴早就认出了图形，说道："这不就是刚刚天上大雁飞行的形状嘛！不过小机灵，你怎么把'人'字形的尾部封起来了？"

"不愧是算盘猴，你说对了！其实这个图形有个学名，叫作三角形。你记住了吗？"

认识三角形

画出一个三角形

1. 先画一条线段。

2. 沿着线段的一个端点，再画一条线段。

3. 将剩下的两个端点连接起来，一个三角形就画好啦！

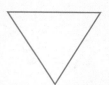

同一个平面内，不在同一条直线上的三条线段，首尾顺次相接所组成的封闭图形叫作三角形。

慧眼识三角

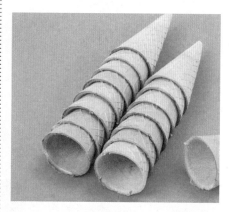

蛋筒

衣架

妙脆角

为什么饭团是三角形的？

三角形饭团有三个尖角，吃的时候方便入口。而且三角形的形状稳定，节省空间，方便携带。

为什么三角帆更有利于逆风航行？

逆风航行时，人们可以通过调整三角帆的角度，使得帆面与风的方向形成一个夹角，从而利用风压来推动船只前进。

🔵 星空中的大三角

星空中有很多星星组成的三角形，其中"夏季大三角"十分出名，它是由天琴座的织女星、天鹰座的牛郎星，还有"电灯泡"——天鹅座的天津四组成的。将这三颗星连接起来，恰好能围成一个三角形。

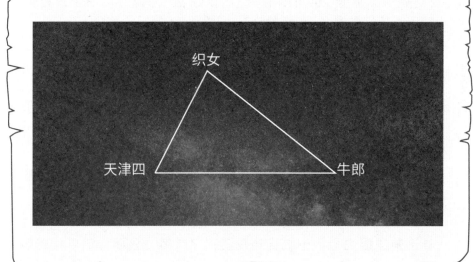

判断下面的图形是不是三角形？是三角形的画"√"，不是三角形的画"×"。

（　　　）　　（　　　）　　（　　　）　　（　　　）　　（　　　）

答案：×、×、×、√、√。

魔法三兄弟

第2章

　　形状王国有一个特别的组合——线段三兄弟，他们个个身怀绝技，身躯既可以伸长，也可以缩短，所以也被人们称为"魔法三兄弟"。平日里，这三兄弟的关系十分融洽。

　　但是今天，三兄弟突然吵起来了。小机灵赶来劝架，一问才知道，原来三弟走路时不小心碰到了二哥，两条线段撞到一起，竟然形成了一个角。两个人头对着头，谁也不肯示弱。

　　大哥见状，想把他们拉开，结果不小心和两个弟弟的头撞到了一起，形成了两个角。于是，三人就吵起来了。

　　弄清楚原委之后，小机灵劝说道："其实，只要你们手拉着手，形成一个完整闭合的图形，就不会撞到彼此了。"

　　三兄弟听了小机灵的话后，半信半疑地牵起了手，果然围成了一个三角形，他们开心极了。形状王国终于又恢复了往日的宁静。

认识角

角的大小

1. 角的大小与角的两条边张开的幅度大小有关。张开的幅度越大，角就越大；张开的幅度越小，角就越小。

2. 一个圆周被分成 360 份，每一份为 1 度，写作 1°。

小于90°

大于 0°，小于 90°的角，叫作锐角。

等于90°

等于 90°的角叫作直角。

大于90°

大于 90°，小于 180°的角，叫作钝角。

角是由两条有公共端点的射线组成的图形。它们的公共端点叫作角的顶点，两条射线叫作角的边。

生活中的角

书页的夹角

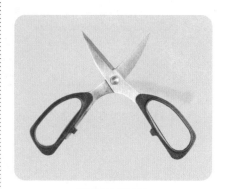

张开的剪刀

圆规

7

● 大雁飞行最佳的"人"字形夹角

大雁采用"人"字形飞行法，是因为这样飞比较省力。科学家研究发现，与单只大雁相比，一支由 25 只大雁组成的"人"字形编队可以多飞 71% 的航程。而且，最佳的"人"字形夹角为 120°。

● 彩虹的反射角

雨后，空气中充满了小水滴，当阳光照射在这些小水滴上时，光线发生折射与反射，就会在天空中形成一道拱形的七彩光谱。形成彩虹水滴反射的最佳角度约为 40°～ 42°。

下面这些图形哪些是角、哪些不是角？为什么？

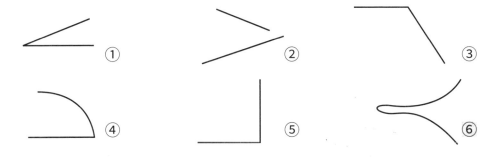

答案：图形①、③、⑤是锐角，图形②、④、⑥不是角。图形②没有共同的顶点，
图形④的其中一条边不是直线，图形⑥的两条边没有都是直的线。

角家族中的三角形

小机灵在形状王国里张贴了一张告示，上面写道："谁能用三根棍子搭出最有创意的房子，谁就能得到小机灵珍藏的美味奶酪1盒。"

谁不知道，小机灵家的奶酪可是一绝！于是，大家纷纷前来尝试。

方厨师第一个上场，搭出了一个锐角三角形。他说，这是城堡上尖顶的形状，造型经典。

算盘猴搭出了一个直角三角形。天天跟着小机灵一起读书，书架的角度他最熟悉了。

接着，月亮婆婆搭出了一个钝角三角形。那是她经常坐的躺椅的形状。

音乐家蛋仔也来凑热闹，他搭出的形状十分规整，是一个等边三角形。因为他经常敲打的三角铁就是这个形状。

这下，可把小机灵给愁坏了。大家的创意都很棒，他也拿不定主意，只好决定过两天再宣布获奖名单。

按照角度分

三个内角都小于 90°。

锐角三角形

有一个内角等于 90°。

直角三角形

有一个内角大于 90°。

钝角三角形

按照边长分

三条边都不相等。

不等边三角形

两条边相等。

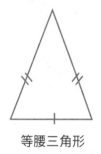

等腰三角形

三条边都相等。

等边三角形

厨房"黄金三角形"定律

　　1950年,科学家提出了厨房的"黄金三角形"定律,即存储区、洗涤区、烹饪区,应当组成一个方便的三角形动线,既能减少不必要的路程,又能节约时间,提升做饭的效率。

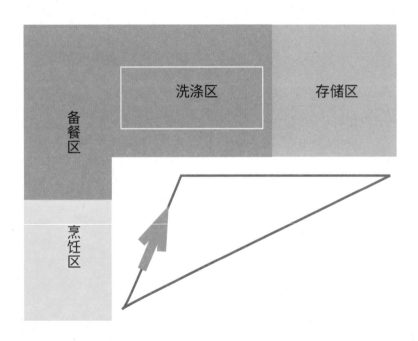

　　古埃及时期,人们对直角三角形情有独钟。每次尼罗河泛滥后,他们就要将土地重新划分成四四方方的模样。但当时三角直尺还没有出现,他们仅仅利用三段绳子就画出了直角,一起来试试看吧!

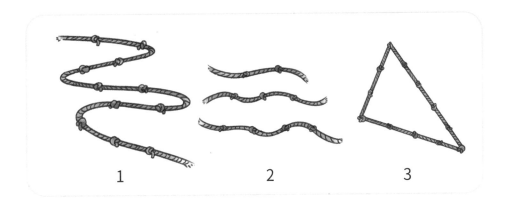

1. 先把长短相同的 12 根绳子连接起来。

2. 将其分成连接 3 根、4 根和 5 根的三段绳子。

3. 将这三段绳子首尾相连，再把三条边拉伸后，一个直角三角形就出现了！

知识链接

勾股定理

中国古代称直角三角形为勾股形。西周初年，数学家商高就提出"勾三股四弦五"的勾股定理：当直角三角形的两条直角边分别为 3 和 4 时，斜边则为 5，其证明了两条直角边的平方和等于斜边的平方。

第4章 我的三条边都一样

创意房子比赛结束后，小机灵最终决定将音乐家蛋仔搭的等边三角形的房子评为最有创意的房子。因为在他看来，等边三角形是近乎完美的三角形：它的每一条边都相等，视觉上给人以对称与平衡的美感。

蛋仔乐呵呵地带着奶酪往家走。谁知在半路上，神偷又出现了，还把奶酪抢走了。他给小机灵留下了战书：小机灵，这盒奶酪我笑纳了！想要抢回奶酪的话，来森林里找我吧！

小机灵接到战书后气坏了。不过转眼间，他就想到了抓住神偷的好办法。他先把居民们分成三队，然后分给每个队长一根绳子，最后用三根绳子形成了一个等边三角形。

这样，无论神偷往哪个方向逃，三队居民都有机会捉住他！他们拉着绳子一点一点地缩小搜寻范围，终于把神偷困在了森林的中心处。谁知，狡猾的神偷早就想好了脱身之计，从一条提前挖好的地道中逃走了。

等边三角形与等腰三角形

等边三角形的 3 个内角都是 60°。

等边三角形是特殊的等腰三角形，但等腰三角形却不一定都是等边三角形。

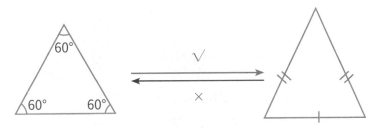

三条边长都相等的三角形叫作等边三角形，也叫作正三角形。

思维发散

为什么交通警告标识牌是等边三角形？

在路上，等边三角形的交通标识牌一般都起到警示的作用，这是因为不论光线的条件好坏，等边三角形都比其他形状更醒目。

警告标志

🔵 台球码成等边三角形

台球桌上一共有 15 颗球，将台球码成等边三角形，主要是为了保持球的稳定和平衡。

🔵 小跳棋，大奥秘

跳棋的棋盘上有 6 个大小相同的等边三角形。

◉ **用圆规轻松画等边三角形**

1. 先画出一条线段。

2. 分别以这条线段的两个端点为圆心，以这条线段为半径，画出两个相交的圆。

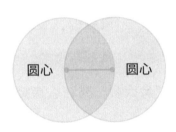

3. 将半径的两个端点和其中一个交点连接，就画出了等边三角形。

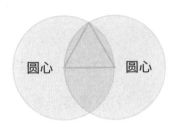

因为两个圆的大小相同，所以三条边的长度与圆的半径也是相同的。

房梁上的等腰三角形

小机灵想要造个新屋顶。于是，他找来了形状王国知名的工匠——房大叔。

小机灵看着房大叔做的那些屋顶的照片，有古朴风格的、有现代风格的，但它们无一例外，都是三角形造型的。

小机灵疑惑地问道："房大叔，为什么房顶不能做成四边形或者星形的呢？那造型肯定很特别！"

房大叔笑着说："要真做成那些形状，估计屋顶早就变形喽！"

小机灵追问之下才知道，原来三角形具有稳固、耐压的特点，所以不易变形，是做房顶造型的不二之选。

小机灵给房大叔看了看自己之前征集的房子造型，房大叔建议他选择月亮婆婆的方案。他说："月亮婆婆一看就很有生活经验，钝角三角形的屋脊很平缓，以后要是屋顶有问题，修起来也更方便。不过，可以稍加修改一下，做成等腰的钝角三角形，这样就更完美了！"

小机灵听罢，觉得很有道理，于是采纳了房大叔的建议。

认识等腰三角形

探索等腰三角形

有两条边相等的三角形叫作等腰三角形。

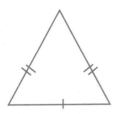

有两个角相等的三角形也是等腰三角形,简称"等角对等边"。

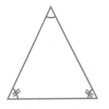

等腰三角形的分类

等腰锐角三角形

等腰直角三角形

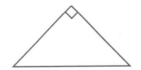

等腰钝角三角形

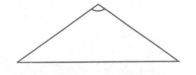

斜拉索桥的设计

江河上的斜拉索桥是等腰三角形，两边的拉索主要是为了保证桥的受力平衡。

雅典卫城与数学

雅典卫城的穹顶也是等腰三角形。

奇特的青铜戈

这是一件商代晚期的青铜戈，由于它有着独特的等腰三角形造型，因此也被称为"三角援戈"。

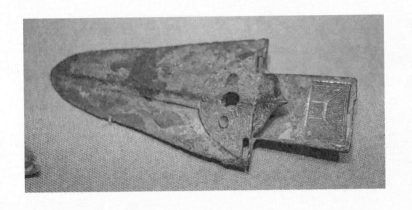

猜一猜

形状似座山，稳定性能坚。

三竿头尾连，学问不简单。

（打一几何图形）

有棱角的巧克力

第6章

手工烘焙店里，小机灵和算盘猴玩得不亦乐乎。这次的烘焙主题是，做出棱角分明的巧克力，而且必须是三角形，三条边还不能一样长。

一开始，算盘猴差点儿被难住了。不过，他很快想到了小机灵家的新房顶，于是做出了房顶状的巧克力。小机灵看到后说："你那是等腰三角形哟，有两条边一样长呢！"

算盘猴想到了印第安人的帐篷，那也是三角形！可是等他一做出来，小机灵又说："你那是等边三角形！"

算盘猴没办法了，只能继续思考。突然，他想到了前几天做的一个纸飞机！于是，算盘猴照着纸飞机的形状，终于做出了不等边的三角形巧克力！

认识不等边三角形

不等边三角形的性质

不等边三角形的三个角也都不相等。

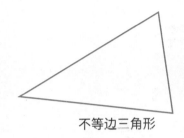

不等边三角形

如果三角形的三条边都不相等，则该三角形叫作不等边三角形。

思维发散

跷脚显人美

　　跷脚时，人体会呈现出"三角形"，可以使画面显得灵活生动。

🔵 国画构图的秘诀：不等边三角形

在中国画中，景物的穿插经常采用三角形构图，尤其是不等边三角形。这是因为不等边三角形灵动多变，角有了大小，角与角的距离也有了远近，更加符合形式美的法则。

养成思维

🔵 数一数

图中有多少个不等边三角形？

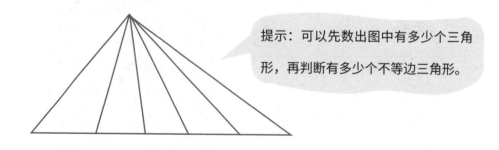

提示：可以先数出图中有多少个三角形，再判断有多少个不等边三角形。

答案：15 个。

24

建筑中的三角形

第7章

听说房大叔曾经去过世界上的很多地方，还拍了不少造型奇特的建筑照片。

"房大叔，我能去你家看看那些照片吗？"小机灵问道。

房大叔一口答应下来："当然可以，那可都是我珍藏多年的宝贝，一定让你一饱眼福！"

到了房大叔家，小机灵迫不及待地拿过照片集看了起来：埃及金字塔、巴黎埃菲尔铁塔、法国卢浮宫、中国故宫……

小机灵注意到，在这些举世闻名的建筑中，三角形随处可见。不仅如此，很多建筑在细节中也都运用了三角形，比如三角形山花墙、三角形瓦当、三角形榫卯结构等。

最让小机灵印象深刻的是故宫古建筑中的窗棂。那些窗花格子竟然也被做成了三角形的形状，远看就像裂开的冰纹一样。

见小机灵看得入神，房大叔介绍道："你看的那个叫冰裂纹，造型古朴又雅致。"

认识三角形的稳定性

三角形是最稳定的图形

做个实验试试看:

1. 扭动三角形木架,发现木架很牢固,不容易扭动。

2. 扭动四边形木架,木架很容易就扭动了。

3. 在四边形木架上斜着钉上一根木条,尝试扭动,发现木架很牢固。

思维发散

生命三角

科学家研究发现，地震后受损最小的是拥有三角形结构的木顶房屋。

埃菲尔铁塔的桁架结构

桁（héng）架结构，是由直杆组成的具有三角形单元的结构。埃菲尔铁塔使用了极多的桁架结构。这样，埃菲尔铁塔就具有了铁的坚固性和三角形的稳定性，不仅会更加结实，还能节省大量材料。

三角形的霸王枨

霸王枨 (chéng) 是用于方桌、方凳的一种三角形榫卯结构。霸王枨利用三角形结构稳定的原理，通过枨、腿、面三方结合，形成一个稳固的三角构图，从而增强桌凳的牢固度。

养成思维

鸡蛋会"站立"

据说，在某些地区，一到端午节，孩子们都会玩"竖鸡蛋"的游戏，谁能将生鸡蛋竖立在桌子上不倒就算赢。请你挑选一颗鸡蛋，看看能不能将它竖起来？

提示：如果你拿起放大镜仔细观察，就可以看到蛋壳上有很多凸起的"小山丘"。只要找到蛋壳上的三个"小山丘"，它们就能构成一个三角形，且鸡蛋的中心落在这个三角形内，这个鸡蛋就能直立起来。

好玩的智慧板

神偷偷走奶酪溜走之后，形状王国的居民们想将他绳之以法。没想到，胆大包天的神偷竟然再次出现了。

不过，这次他是来跟小机灵比赛的。他提出，谁能用三角形设计出既简单又好玩的游戏，谁就是形状王国最聪明的人。小机灵二话没说就答应了。

自从上次从房大叔家回来后，小机灵深感中华文化的博大精深，便一头扎进了中华传统文化的书海里。比赛前，小机灵突然想到他曾在一本书上看到的一个故事。

宋朝的进士黄伯思发明了一种叫作燕几图的组合家具，可以随意拼搭成多种形状。明代一位工匠在燕几图的基础上，设计出了蝶几，增加了三角形和梯形的桌子。到了清朝，这种桌子被称为"七巧桌"。

这个故事给了小机灵灵感。他将七巧桌的图案画在纸上，再一个个剪下来。接着，他便开始随意变化组合形状,可有趣了！他把这个游戏命名为"智慧板"。

探索七巧板

七巧板又称为"智慧板",是中国传统的智力玩具,由 7 块板组成。其中,有 5 个大小不同的三角形、1 个平行四边形和 1 个正方形。如图所示:

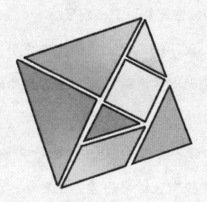

把 7 块板按照特定的顺序摆放,就可以拼成一个大正方形。用七巧板还可以拼成很多图形,如人物、动物、植物、房屋等。

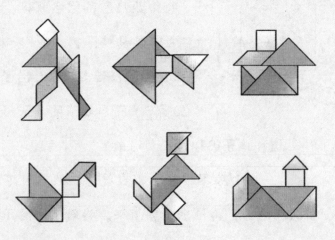

● **七巧板中的数学知识**

对称轴

两个小三角形可以拼成一个中号三角形或正方形，这两个小三角形的公共边就是中号三角形或正方形的对称轴。

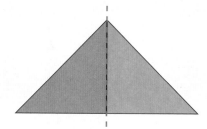
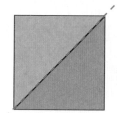

图形的组合与分割

一个大三角形，可以有很多种分割方式。

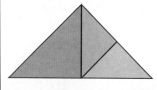
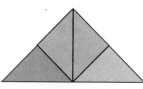
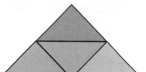

养成思维

● 自己做一套七巧板

准备工具：卡纸、铅笔、黑笔、剪刀、尺子、颜料

制作步骤：

1. 准备一张卡纸，将卡纸裁成一个边长为16厘米的正方形。

2. 用铅笔在上面画出16等份的方格。

3. 在正方形上画一条对角线。

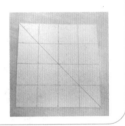

4. 连接左边这个三角形两条直角边的中点。

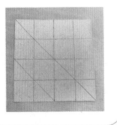

5. 连接正方形右上角的顶点与短线的中点。

6. 画出最下面一行右边第二个小方格的对角线。

7. 连接左边第一列中间两个方格右侧的顶点。

8. 用剪刀沿着黑线将卡纸剪开。

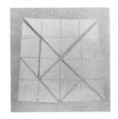

9. 涂色。

转动吧！三角形

"小机灵，快看！我做了一个纸风车，它转得好快啊！"算盘猴兴高采烈地拿着一个纸风车冲进门，却看到小机灵正盯着窗外发呆。

他上前推了推小机灵，问道："你看什么呢？"

突然被算盘猴打断思绪，小机灵回了回神，指着门外快速穿行的汽车、自行车说道："我在想，为什么车轮都是圆形的？如果是三角形的，会怎么样呢？"

"哈哈，小机灵，三角形有三个角，怎么可能转得起来啊？"算盘猴无情地嘲笑道。

小机灵看了看算盘猴手中的风车，说："风车的扇叶不也是三角形吗？它都能转起来，三角形车轮也不是不可能，只要能做出勒洛三角形的轮子就行。"

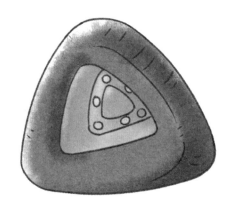

● 勒洛三角形

勒洛三角形可以做车轮，因为它是定宽曲线，即勒洛三角形在每个方向上的宽度都等于正三角形的边长。当勒洛三角形被用作车轮时，上面的底座不会上下颠簸，而是像平常的轮子一样平稳前行。

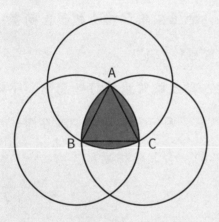

勒洛三角形是由德国机械工程师勒洛首次发现的，故而得名。它是由三段长度相等的圆弧构成的。

● 慧眼识勒洛三角形

生活中的勒洛三角形：

勒洛三角形药片

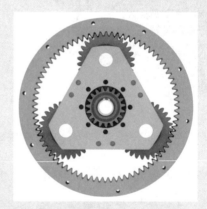

齿轮

旋转的楼梯

◉ 定宽图形

除了勒洛三角形，我们还能见到勒洛五边形、勒洛七边形等，只有正多边形的边数为奇数时，才会有对应的定宽图形。我们最熟悉的圆，也是一种定宽图形。当这些图形的定宽相同时，所有等宽图形中圆的面积最大，勒洛三角形的面积最小。

◉ 硬币与勒洛图形

英国的 20 便士硬币采用的就是勒洛七边形造型。

 养成思维

● 做一个会动的三角形轮子

1. 在A4纸上画一个圆。

2. 在圆周上一点画一个半径相同的圆。

3. 以任意一个交点作为圆心，再画一个相同半径的圆。

4. 将三个圆相交的公共部分剪下来，得到一个以圆弧为边的"三角形"。

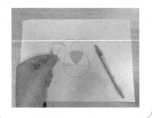

5. 从硬纸板上剪下来4个这样的"三角形"。

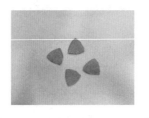

6. 找两根长度一致的小木棍。

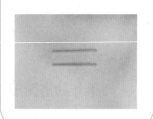

7. 将两个三角形分别粘在棍子两头。

8. 当把一张硬纸板搭在轮子上时，我们可以发现，即使轮子是三角形的，也可以正常行驶。

三角形的分形

"小机灵，快走，星星博士正在沙滩上画符呢！"

算盘猴一听到这个消息，立马回家通知小机灵。

"画符？这可是件新鲜事，我得去看看！"小机灵和算盘猴一起来到了沙滩上。

这时，沙滩上已经围了很多人。只见，沙滩的正中央有一个奇怪的图形，看起来既像雪花，又像海岸线，还有人说像西蓝花。而星星博士还在不停地画呀画，仿佛这个图永远都画不完。

小机灵凑近一看，发现每一个图案都是由三角形组成的，把这个图案的每个局部放大看，都和最开始的图案一模一样。

小机灵心下了然，说道："算盘猴，他这不是在画符，而是在画分形图案呢！估计，他最近正在研究这个吧！"

认识三角形分形

● 寻找三角形分形

"分形"是一种神奇的形状，不论你多贴近观察其中的任意一个细小的部分，都会发现它们与原本整体的形状很相似。生活中，很多事物都有分形的存在。如闪电、西蓝花、海岸线、大树、孔雀羽毛等。

而在三角形的分形中，最出名的就是谢尔宾斯基三角形。这个图形是由波兰数学家谢尔宾斯基最先提出的。

它并不是一个三角形，而是指由这些三角形所构成的整个图形。

它最特殊的地方就在于：无论从哪个角度看，它的形状都是一样的。

思维发散

分形天线

把天线的形状做成分形是个好主意，这样就可以用很小的面积把天线做得很长。

闪电分形

闪电的图案也是分形的一种。如果仔细观察，你就会发现，它是由很多"枝丫"组成的，放大某一根"枝丫"，它身上会分裂出更多更小的"枝丫"。

● 画一片科赫雪花

1. 画一个等边三角形。

2. 在等边三角形每条边的中间位置的外部，分别画一个更小的完全相同的等边三角形，看上去就像一个六角星。

3. 再在六角星的外部，每条边的中间位置画出更小的等边三角形。

4. 不断地画下去，便画出了一片科赫雪花。

第11章 蜜蜂家族的秘密——六边形

造完了房顶，小机灵又想重新铺一下房子里的地砖。

"算盘猴，我想换一种特殊形状的地砖，既不浪费空间，造型还好看。"小机灵看着房间的地砖，托着下巴说道。

这会儿，算盘猴正在水盆里玩吹泡泡，根本没空搭理小机灵。

小机灵扭头看算盘猴玩得正欢，凑上前一看，发现水盆里的泡泡正往一起聚集，它们之间的许多空隙都被挤没了，一个挨一个紧紧地排列，形成了一个个六边形。小机灵脑中灵光一闪，拉着算盘猴就往房大叔家跑。

算盘猴一脸茫然地问："咱们这是去哪儿啊？"

"听说蜜蜂是自然界中的建筑师，刚刚你吹的六边形泡泡的形状，很像它们的蜂巢。这种蜂巢，房大叔家肯定也有，咱们这就去好好看看。"小机灵说。

"我知道了！只要看一下蜂巢，就可以知道用六边形浪不浪费空间了！"算盘猴这回总算答对了！

认识六边形

● **探索六边形**

正六边形拥有六条完美的对称轴。

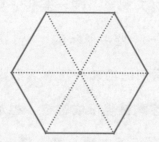

这些对称轴可以把这个六边形分成6个等边三角形。

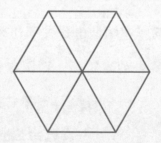

六边形是指有六条边和六个角的多边形。其中，六条边或者六个角都相等的六边形叫作正六边形。

蜂窝酒店

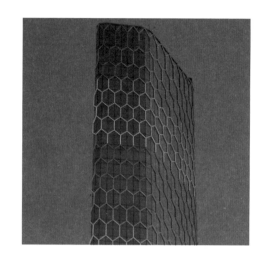

　　建筑立面设计成自然蜂窝特有的六角网格形状，再用金属幕墙勾勒出"蜂窝"轮廓，不但节省材料，而且还很美观。

六边形雪花

　　为什么雪花会是正六边形呢？因为水分子在结冰的时候，会以最紧密的方式结合在一起，而正六边形就是最佳的解决方案。

养成思维

下边两个蜂窝结构中心的宝藏，你能快速找到它们吗？

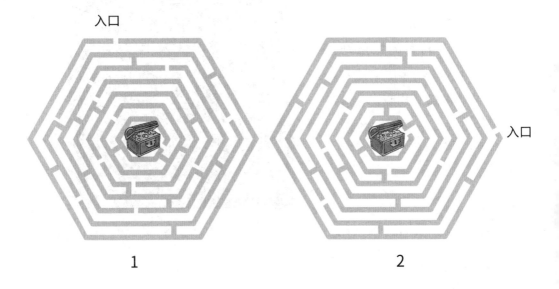

入口

1   2

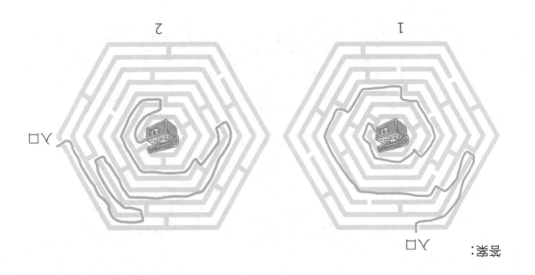

答案：

奇妙的几何思维

严肃的立方体

沈雪◎著

航空工业出版社

北京

内容提要

看似"高高在上"的几何，其实都源于我们的生活。打开这套书，你就会发现，原来几何还可以这么有趣！本书从生活实际出发，将与圆、三角形、正方形、球、正方体、多面体有关的几何知识融于侦探故事中，让几何问题变得更贴近生活、生动有趣。全书的内容包含但不限于 6 种图形，旨在为孩子构建全面的几何知识框架、培养良好的几何思维，引导孩子学会创造性地思考问题。

图书在版编目（CIP）数据

奇妙的几何思维．严肃的立方体 / 沈雪著．— 北京：
航空工业出版社，2024.4（2024.5 重印）
ISBN 978-7-5165-3709-1

Ⅰ．①奇… Ⅱ．①沈… Ⅲ．①几何－青少年读物
Ⅳ．①018-49

中国国家版本馆 CIP 数据核字（2024）第 059800 号

奇妙的几何思维·严肃的立方体
Qimiao de Jihe Siwei.Yansu de Lifangti

航空工业出版社出版发行
（北京市朝阳区京顺路 5 号曙光大厦 C 座四层　100028）
发行部电话：010-85672688　010-85672689

唐山楠萍印务有限公司印刷　　　　全国各地新华书店经售
2024 年 4 月第 1 版　　　　　　　2024 年 5 月第 2 次印刷
开本：787×1092　1/16　　　　　　字数：20 千字
印张：3　　　　　　　　　　　　　定价：168.00 元（全 6 册）

前 言

数学一定是深奥的？几何一定是难懂的？停停停，千万别这么想！其实，看似"高高在上"的几何，都源于我们的生活。打开这本书，你就会发现，原来几何还可以这么有趣！

袋熊的便便是立方体形状的？火箭为什么要垂直运转？篮球为什么可以在手指上转动？书本为什么要做成长方体？方便面为什么是弯的？

上面那些问题，都跟立方体有关。本书从生活实际出发，将与立方体有关的知识点寓于有趣的侦探故事中，让几何变得更贴近生活、更生动有趣。读完这本书，你会在手不释卷的同时，惊叹于几何学的伟大力量。让我们一起出发，跟着侦探小机灵和算盘猴，去破解形状王国的案件，探索几何世界的奥秘吧！

目 录

小机灵

形状王国的侦探，拥有超乎
寻常的智商，没有他不知道
的几何知识！每次遇到案件
时，他总会挺身而出！

算盘猴

小机灵的宠物，也是他的
好朋友！会说话，会算术，
总会在关键时刻帮上小机
灵的忙！

第1章 魔方有魔力

"算盘猴，快看我给你准备了什么生日礼物！"

小机灵举着一个礼物盒来到算盘猴面前。

算盘猴开心地打开盒子，看到了一个奇怪的方块。他拿起来一看，只见这个方块由很多个小方块组成，上面五颜六色的，神奇的是，这些小方块还可以旋转。

"这不就是个会旋转的方块吗？有什么好玩的？"算盘猴吐槽道。

小机灵说："你可别小看这个方块，它的名字叫魔方，是人类世界里非常流行的玩具。不仅如此，这个小魔方里还藏着大学问呢！你手上的这个是三阶魔方，每条棱上有三个方块，中心由中心轴和六个方块组成。要是想把打乱的它复原，每一面的颜色都一样，最少需要 20 步……"

还没等小机灵说完，算盘猴就看着魔方的说明书玩了起来。不一会儿，就连小机灵叫他吃饭，他也听不见了。这，就是魔方的魔力啊！

什么是维度

维度世界

一维世界

一维世界就是一条直线。如果你住在一维世界里，你依然是一个点，不过这一次，你可以左右移动了，但你永远也无法跳跃，更无法离开这条直线。如果一维世界还有一个居民，那么你们就是两个点。

二维世界

二维世界就是一个平面，你可以把它理解成一张特别薄的"纸"，生活在二维世界里的人就是"画"在纸上的画。

三维世界

三维世界就是我们生活的世界，你可以把它理解成一个三维坐标系，这里有三个基本的维度，"上下""左右"和"前后"。

认识立方体

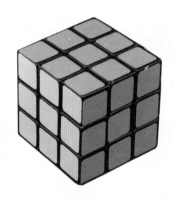

魔方

骰子

冰块

◉ 袋熊的方形便便

在澳大利亚，生活着一种可爱的动物——袋熊，因为肠道的特殊结构，它们竟然可以拉出方形的便便！

◉ 黄铁矿——骗人的"金子"

黄铁矿有着独特的金属光泽，金黄的颜色让它看起来很像黄金，所以也被称为"愚人金"。黄铁矿的形态多样，如立方体、八面体、十二面体等。黄铁矿中含的铁元素越多，呈现出立方体的可能性就越高。

试一试

　　下面是一个立方体的平面展开图，折成立方体后，"2"的相对面上的数字是几？你可以试着折一折哟！

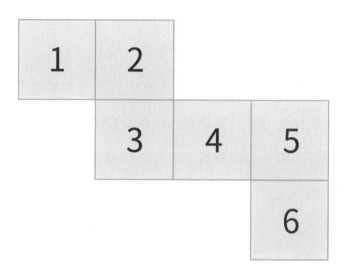

答案：6。

第2章 寻宝猎人

相传，蘑菇山上藏着一笔巨额宝藏，无数王国的居民们前往寻宝，却都一无所获。

受此启发，形状王国的电视台特别开设了一个栏目——寻宝猎人。栏目组邀请了一群专家作为寻宝猎人，有地理专家、历史专家、数学专家等，当然，王国最聪明的侦探小机灵也在受邀之列。多年来，王国的居民寻宝心切，往往拿上铁锹就在自己解密出来的地点开挖。因此，蘑菇山上到处都是坑，坑旁边立着警示牌。栏目组从以前的寻宝人那里要来了一份地图，请各位专家根据这份地图来找到宝藏的位置。首先出马的是地理专家，他先在电视台所在地和蘑菇山上各标了一个点，然后画上一条线，表示去蘑菇山的

路线。接下来，历史学家分析了蘑菇山的来历和宝藏传说的起源。最后，小机灵把寻宝人立的警示牌地点都标在了地图上。这时，人们才发现，这些点竟然组成了一个箭头——指向一个山洞。

"看来，这个山洞很有可能就是宝藏所在地了。"小机灵自信地说。

特殊的点

顶点——角的两条边的交点。

交点——线与线、线与面相交的点。

猜一猜，下图这个图形有几个顶点，又有几个交点呢？

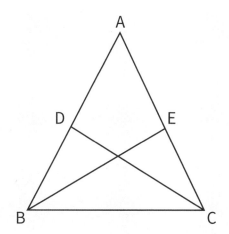

点是空间中的一个位置，点在空间中的位置可以用坐标来表示。

思维发散

🔵 地球与银河系

银河系的直径有 10 万光年，地球对于银河系来说，只是个微不足道的小行星，就像其中的一个点一样。

🔵 公交车上的锤击点

很多公交车上的窗户都是密封的，万一遇到危险要逃生怎么办？别着急，在车窗玻璃的边角处隐藏着一个特殊的锤击点，只要你用特制的安全锤一敲，窗户就会碎掉。注意，用安全锤敲击锤击点仅限紧急情况可用，平常可不能乱动！

邮票边缘的小点

　　邮票边缘有一圈小小的点，它们排在一起，连成了一条虚线，方便我们用手撕开。

画一画

　　以"圆点"为元素，发挥你天马行空的想象力，创作出一幅属于你的画作吧！

第3章 会魔法的线

这天，小机灵做了个奇怪的梦，他梦到自己来到了一个魔法世界。

在这里，小机灵变身成一条线，帮助了很多人。

运动场上，跑步比赛马上就要开始了。一个同学却在换衣间急得团团转，原来，他运动鞋的其中一根鞋带不知道跑哪里去了。热心肠的小机灵摇身一变，变成了一根鞋带，紧紧地绑上了鞋子。

参加完比赛，小机灵飞啊飞，飞到了公园的草坪上空。一个小女孩正在草地上哇哇大哭，原来，她手中的风筝还没飞起来，线就断了。看到小女孩这么伤心，变成线的小机灵一手牵一头，把风筝线给

修好了。小女孩一看，又重新露出了快乐的笑容。

小机灵随着风筝飞到了天上，越飞越高……

"小机灵，快醒醒！"算盘猴一拍，正翱翔天际的小机灵被拍醒了。"什么事儿啊？"被拍醒的小机灵有些迷糊地问道。"我知道你昨天出的那道题的答案了，人们在用筷子时，两只筷子是相交线，不是平行线！"算盘猴激动地说。

认识线

● 线家族

线段——两端有终点的线。

端点 •————————————• 端点

射线——有一个端点，另一端能无限延长的线。

端点 •————————————

直线、曲线——向两边无限延长的线。

————•—————•————

〜〜〜〜〜〜〜〜〜〜

鲭鱼身上的侧线

这种鱼是鲭鱼，身上有一条弯曲的黑色细线，这就是鱼类的侧线。侧线上长有微小的传感器，叫作神经丘。鲭鱼可以靠它们来捕捉猎物和躲避障碍物。

太阳光为什么是平行线

从地球看太阳，太阳是一个点，那太阳光为什么是平行的呢？这是因为，地球和太阳的距离太远了，能到达地球的太阳光线的夹角非常小，就连精密的天文仪器都难以捕到。所以生活中，我们一般认为，射到地球上的太阳光是平行的。

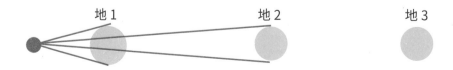

地 1   地 2   地 3

忙碌的十字路口

涩谷十字路口是东京的地标，是涩谷人流往来最密集的地方，被视为日本都市风景的象征，也被称为"世界上最繁忙的十字路口"。

养成思维

比一比

这些线段哪条长、哪条短？

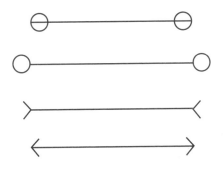

答案：一样长。

13

第4章 泡泡派对

"泡泡在手，烦恼快走！亲爱的小机灵，月亮湖畔，有一场精彩的泡泡派对正在等着你。吹泡泡、玩泡泡，让我们沉浸在泡泡的世界里，一起快乐地玩耍吧！"一大早，小机灵就收到一封邀请函。一位泡泡艺术家希望小机灵去参加他的泡泡派对。算盘猴抢过来一看，激动地让小机灵带着他一起去。

到了现场，小机灵才发现，泡泡派对的现场可太热闹了！梦幻的泡泡漫天飞舞，小朋友们躲在巨型泡泡里玩耍，还有各种趣味泡泡实验。

看到小机灵过来，艺术家把他拉上了舞台，说让他给大家做个泡泡实验。

"场上都是球形的泡泡，那我就另辟蹊径，做个方形的泡泡吧！"

小机灵找来 12 根等长的木棍，用铁丝将其中两根木棍垂直绑好。按照同样的方法，他将木棍绑成了 1 个立方体。接着，他将这个立方体放进了洗洁精水溶液中，等取出时，只见立方体木棍上竟然形成了一个方形泡泡！

"看着它，有没有人能发现一些现象呢？"小机灵问道。一个小女孩说道："这个方形泡泡棱角分明，每个角都是垂直的呢！"

"真聪明！"小机灵于是慷慨地将做好的方形泡泡送给了她。

生活中的直角

书本相邻的边

房子墙壁与地板的夹角

旗杆与地面的夹角

长方体纸盒的相邻边

思维发散

火箭为什么要垂直起飞

其实很简单，火箭要想尽快飞上天，路程飞得短，受空气阻力小，垂直的姿态最合适，这是因为点到线之间的距离，垂线段最短。因此，垂直起飞是火箭冲出大气层的最短路径。

歪而不倒的建筑

建筑一定要与地面垂直才行吗？不一定哟！瞧，比萨斜塔、苏州虎丘塔、波玛索斜屋……长得都挺歪，不过请放心，它们暂时都是不会倒的！

垂直落下的火柴盒为什么站不住?

准备材料: 火柴盒一个

1. 将火柴盒竖直拿在手里, 距离桌面 15 ～ 30 厘米。

2. 双手同时松开, 让火柴盒垂直落下。注意观察火柴盒与桌面接触时的情景, 用同样的方法持续做该动作几次。

3. 用同一个火柴盒, 在同样的高度, 并将内盒往上推出 1 ～ 2 厘米, 双手托住火柴盒使其与桌面垂直。同时松开双手, 让火柴盒垂直落下, 注意观察实验现象。

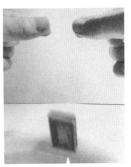

实验结论:

没有拉开内盒, 垂直落下的火柴盒很难立住; 将内盒向上推出一部分, 用同样的方法让火柴盒垂直落下, 在火柴盒与桌面接触的一瞬间, 由于反作用力, 拉开的内盒会迅速回位, 但火柴盒却能垂直于桌面并且稳稳地立住。

第5章　**好玩的骰子**

　　周末，天高气爽，风和日丽，主意多多的小机灵想到一个好玩的游戏。他广发"英雄令"，把大家召集在一起，准备玩一场巨型飞行棋游戏。

　　方块广场上，有一张巨大的飞行棋地图和一个大骰子。骰子是用泡沫做的，有半人多高。明白游戏规则后，大家玩得不亦乐乎。游戏结束后，小机灵增加了一个知识分享环节——好玩的骰子！

　　他把骰子放到广场中央，问道："作为游戏中的关键道具，有人能说出骰子有什么特点吗？"

　　"这个很简单啊！骰子有六个面，每一面都是正方形。"算盘猴第一个回答。

"没错，那请问骰子上的点数有什么规律呢？"小机灵接着问道。

现场无人说话，数学家罗拉现身说道："我来说吧，1 的对面是 6，2 的对面是 5，3 的对面是 4，刚好 6 个数字不重复。1+6=2+5=3+4=7，所以它们面对面的两个数之和都是 7。"

立方体的面

正方体一共有 6 个面。相对的面平行，相交的面垂直。

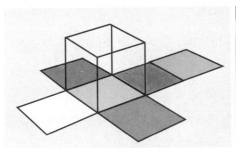

正方体有 6 个面

鱼缸有 5 个面

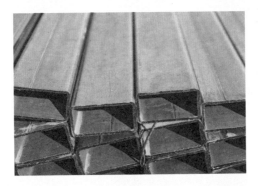

铁管有 4 个面

会变魔术的 3D 电影

如何将平面影像变成立体的？一副 3D 眼镜就能实现你的愿望。比起普通的 2D 电影，3D 电影给我们左右两眼输入的图片不一样，经过大脑处理后，平面图像就变成了立体图像。怎么样，神奇吧？

莫比乌斯面

1858 年，一个德国数学家发现了一种特殊的曲面——莫比乌斯面。普通的纸环有两个面，而莫比乌斯环只有一个面。想制作莫比乌斯面？很简单，只要会"乾坤大法"就行。将一个纸条扭转 180°后，再将两头黏结起来，你就能得到一个莫比乌斯面啦！

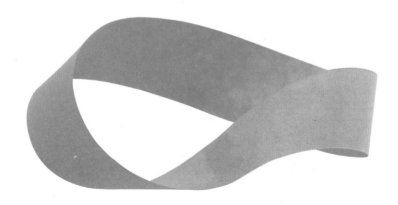

 养成思维

折一折

如果没有尺子和圆规，让你用正方形小纸片折出三角形、五边形、六边形，你能做得到吗？不如一起试试看吧！

等边三角形的折法

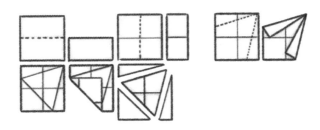

1. 先把正方形小纸片对折一次，再对折一次。

2. 找到正方形的 1/4 点，将一个角向上折，对称的另一边也采用同样的折法。

3. 将两个 1/4 点连成一条线，折叠一下。

4. 用剪刀将多余的纸剪下来，等边三角形就做好了。

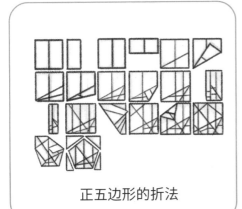

正五边形的折法

正六边形的折法

会跳舞的魔方

第6章

"算盘猴，快看！我刚从电视上学的花式转篮球！"

小机灵一学到新技能，就马上跑到算盘猴面前炫耀。

算盘猴不服气地说道："篮球是圆的，多好转啊！有本事你找有棱角的东西转转看。"

小机灵拿出一个粽子，三棱锥的，只见他左右端详了下，用手指找准位置后，居然将粽子也转了起来！

算盘猴惊呆了，可小机灵的表演还没结束呢！

小机灵又找到一个魔方拿在手上，没用多久，也转起来了！

算盘猴问道："小机灵，你的手指练什么神功了吗？怎么这么厉害！"

小机灵说道："哈哈，其实这些东西都有一个中心轴，只要找到这个轴，手指对准它，就可以把它们转起来了。"

 认识轴

轴与轴线

轴是用来描述旋转方向或对称性的中心线。

中心轴一般是指把平面或立体分成对称部分的直线。

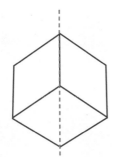

一个物体或一个三维图形绕着旋转的一根直线,也叫作轴线。

生活中的轴

脊椎是人体的中轴骨骼,承担着支撑身体、保护神经系统、保持身体平衡的重要功能。

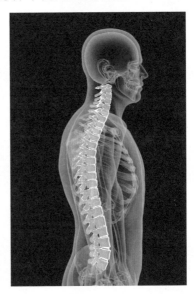

 思维发散

旋转的立方体

当立方体沿着中心轴旋转,它会形成一个圆柱体。

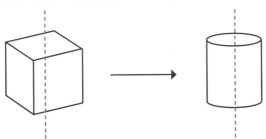

沿对角线旋转的立方体

当立方体沿着体对角线旋转，你猜它会形成什么形状？不如试试看！

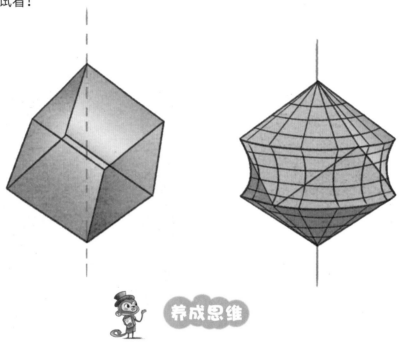

养成思维

猜一猜

把 64 个小正方体垒起来，拼成一个大的正方体。在标有黑点的部分向对面穿孔，如下图所示。请问：被穿了孔的小正方体有几个？

第一步: 先看一下第 1 层。

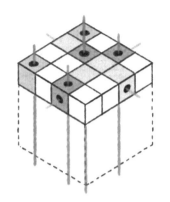

为了便于观察, 我们把被穿了孔的正方体涂上颜色。

被穿了孔的正方体一共有 9 个。

第二步: 再来看一下第 2 层有几个呢?

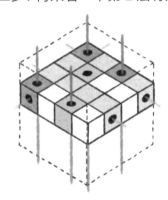

被纵向穿孔的是贯穿着每一层的。

被穿了孔的正方体一共有 12 个。

第三步: 我们再来看一下第 3 层和第 4 层吧。

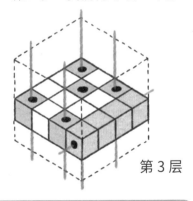

第 3 层

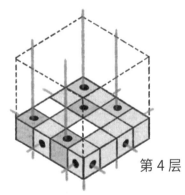

第 4 层

被穿了孔的正方体一共有 9 个。

被穿了孔的正方体一共有 14 个。

所以, 被穿孔了的正方体一共是 9+12+9+14=44 个。

答案: 44 个。↓

第7章 罗拉的谜题

"小机灵，快来，罗拉和一个艺术家正在月亮河边搞行为艺术演出呢！"

算盘猴带着最新消息，赶紧跑回家叫小机灵。

"什么行为艺术？"小机灵满腹疑惑，来到月亮河边。瞧，罗拉和他的艺术家朋友正在对一个立方体大拆特拆。原来，这个立方体是由27个小立方体组成的，立方体的六个面有着五颜六色的颜料，是小朋友们按照自己的兴趣画上去的。罗拉指着立方体问道："小朋友们，你们把立方体的外表都涂上了颜料，那你们猜猜看，有没有小立方体没有被涂上颜料呢？"

"当然有啦，里面的立方体都被挡得严严实实的，根本涂不上颜料。"一个聪明的小朋友回答道。罗拉说："真厉害！所以，要想知道有几个没被涂上，不如我们把它拆开看看！"

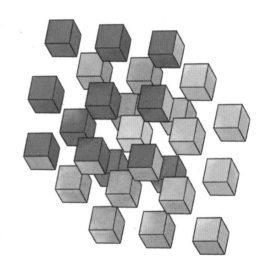

等罗拉拆开后发现，没被涂色的只有一个小立方体。

立方体的展开

立方体的 11 种展开图

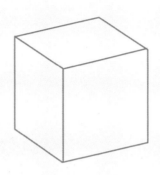

"一四一"型

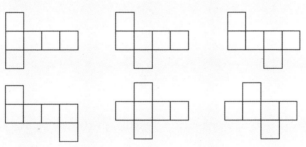

"二三一"型

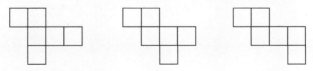

"阶梯"型

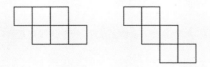

● 方便面为什么是弯的

吃方便面时，你有想过，为什么方便面要做成弯的吗？原因很简单，就是为了节省空间，比起直的面条，弯曲的面条表面积更大。在同样的包装袋里，弯的面条能装得更多。

 养成思维

● 试一试

以下图形能拼成正方体吗？

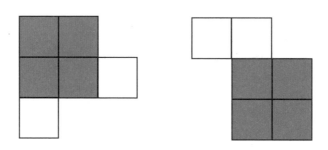

答案：两个图形都不能。

冰块工厂

冰块工厂的老板方大叔是个立方体迷，所以他把工厂里的冰块都做成了立方体，像一个个整齐的豆腐块。

夏天一到，冰工厂的门口就聚集着一堆居民来纳凉，小机灵也是其中一员。凑巧的是，方大叔正在搬货，准备将冰块运往国王的宫殿。

等到装完车，方大叔跟司机师傅说："可以走啦！"

小机灵在一旁瞧着，发现车厢上方还有很大的空位，他忍不住发问："方大叔，车厢上面不放冰块吗？"

方大叔解释说："由于我们的冰块都是立方体，怎么堆，这个车厢上方也会有空位。有时候真是不方便呢！"

小机灵说："没关系，让我来算一下。"

小机灵比比画画，先是算了立方体的体积，又算了车厢的容积，成功将立方体切割成合适的大小，车厢终于装满了！

立方体的体积

立方体的体积 = 长 × 宽 × 高

下面的正方体，每条棱上都有 2 个棱长 1 厘米的小正方体，你知道它的体积是多少吗？

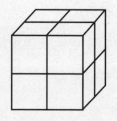

1 个小正方体的体积是 1×1×1=1（立方厘米），大正方体由 8 个小正方体组成，所以大正方体的体积是 1×8=8（立方厘米）。

物体所占空间的大小叫作该物体的体积。

不规则物体的体积

算一算

下面的立体图形都是由棱长 1 厘米的小正方体搭成的。数一数，这些立体图形各含有多少个小正方体？它们的体积各是多少立方厘米？

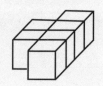

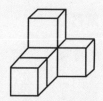

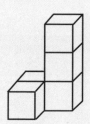

答案：6 个，6 立方厘米；5 个，5 立方厘米；5 个，5 立方厘米。

"石头鸡蛋"体积大

如果把鸡蛋放到冰箱的冷冻室里，你就会收获一颗坚不可摧的"石头鸡蛋"。由于鸡蛋内部大部分都是液体，被冷冻之后，液体变成固体，体积会增大。

饮料瓶的底面为什么是圆形

平时，我们用的水杯底面大多数都是圆形的。为什么会这样呢？在三角形、正方形和圆形中，如果周长相同，那么制作出的图形中，圆的面积最大。在三棱柱、立方体和圆柱体三种立体图形中，如果所用材料相同，那么圆柱体的杯子容积最大。此外，圆柱体的杯子要比三棱柱或是立方体的杯子容易生产。因为在所有的形状中，圆形的模具最容易制作。

● 体积守恒实验

准备材料: 橡皮泥、玻璃杯、水

首先, 需要找两个大小一样、形状一样的杯子, 把这两个杯子分别装满水。

将橡皮泥搓成两个大小一样的球, 分别标注 A 和 B, 放进杯子里。

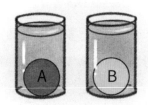

将橡皮泥球从杯子里拿出来, 然后将泥球 B 搓成长条状。

请问, 如果将橡皮泥重新放进装水的水杯中, 哪个水杯的杯面会更高?

答案: 一样高。

抽积木游戏

第9章

周末，算盘猴准备再次与小机灵一决高下。

这是怎么回事儿呢？

原来，他们每周都会玩一次抽积木游戏，可惜，每次都是算盘猴输得一败涂地。

这次，算盘猴用一个个长条形的积木搭建起了一个长方体。

小机灵率先出战，抽出了最下方中间的积木。

长方体稳如泰山，动都没动。

算盘猴另辟蹊径，从最上面开始抽。长方体积木仍然没动。

小机灵采取"从下往上"的战术，再次抽出倒数第二排的积木。就这样，一个从下往上，一个从上往下，二人越战越酣，就在这时，算盘猴打破了僵局，抽掉了中间边角的积木。结果，长方体失去平衡倒塌了，算盘猴又输了！看来他的胜利之路遥遥无期啊！

认识长方体

揭秘长方体

正方体可以看成是长、宽、高都相等的长方体，是特殊的长方体。

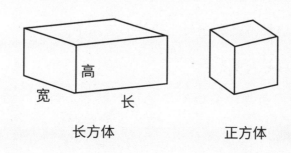

长方体　　　　　　　　正方体

	正方体	长方体
面	6 个面	6 个面
形状	每个面都是正方形	至少有 4 个面都是长方形
棱长	所有的棱长度都相等	相对的棱长度都相等

试试看

把一个长方体纸盒展开，这个展开图能否重新折叠成原来的长方体？

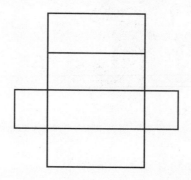

◉ 割雪成砖

在北极圈，生活着一群因纽特人。由于北极的材料稀少，他们往往会用雪做成长方体的雪砖，将雪砖一点点堆砌起来，做成一个雪屋，然后住在里面。但是雪屋的寿命一般较短，因纽特人在一年中有大部分时间都在盖新房。

◉ 书本为什么要做成长方体？

人们为什么要将书页做成长方形，而不是圆形或者三角形呢？原因很简单，一方面，长方形的书页比较容易制作，便于裁剪，如果是圆形书页，裁剪会有废料，导致浪费；另一方面，把书页做成长方形，装订起来也更容易。

● 找一找

　　一般情况下，常规书籍的装订流程如下图所示。可是，也有一些特殊形态的书籍，比如卷轴装、龙鳞装，它们的造型都不是长方体，你还能找到哪些不是长方体的书籍呢？

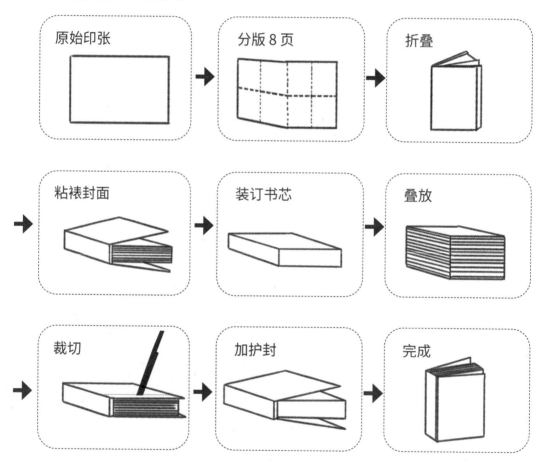

原始印张	分版 8 页	折叠
粘裱封面	装订书芯	叠放
裁切	加护封	完成

第10章

营救叮当猫行动

"呜呜呜……救命啊……"

小机灵和算盘猴正在森林里闲逛，突然听到头顶上传来一阵呼救声。

小机灵定睛一看，那不是隔壁的热心肠叮当猫吗？她怎么跑到那么高的树上了？"小机灵，快救救我，刚刚我看到有一只小鸡被叼到了这棵树上，我就赶紧爬上来救它。当时没在意，一口气爬了上来才发现，这棵树这么高，我不敢下去了，怎么办啊？"叮当猫一边哭一边说。

小机灵边安慰着她，边观察有没有梯子之类的东西能让她爬下来。

算盘猴也去森林深处寻找了。不一会儿，他就激动地跑过来说："小机灵，前面有几个立方体的木架，看起来蛮结实的，应该可以用得上。"

两个人费了好大劲把木架抬过来，却发现木架太矮了，就算是最高的那个也根本达不到树枝的高度。

小机灵思考了一会儿，把木架一个叠一个地堆了起来。就这样，叮当猫得救了。

单立方体与多立方体

单立方体

双立方体

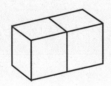 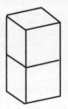

多立方体

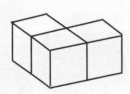 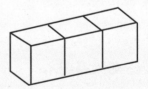

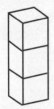 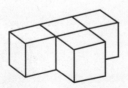 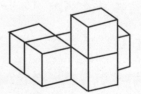

立方体庭院

在奥地利，有一处神奇的庭院，远远看去，就像一个个大小不同的立方体积木堆起来的一样。

立体派画家

西班牙画家胡安·格里斯，擅长用立体几何进行绘画。他的作品属于立体主义绘画，在他的画作中，线条棱角分明，其中不乏有立方体的身影。

玩转索玛立方体

转动下面的积木，能看到几种立体图形呢？请在"☐"中打钩。

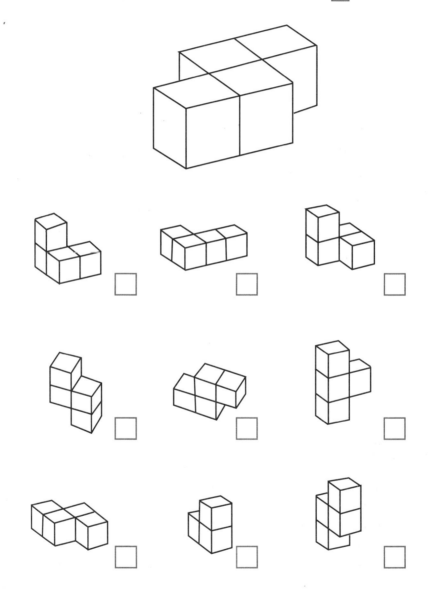

多样的立方体

第11章

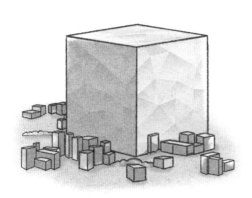

这天，美术馆里正在举行一场特殊的活动，场上都是一些知名的数学家。本次活动，是一次关于立方体的论坛，为了让人们体会到立方体的神奇之处，数学家纷纷前往形状王国，分享自己的新发现。

瞧，一位喜欢研究建筑的数学家，提出一个脑洞大开的奇妙构想：做一个400米×400米的立方体建筑，外方内圆，中庭还有螺旋的塔楼。

接着，一位喜欢艺术的数学家出场了。"我做了一个立方体的风筝，它是用3D材料打印出来的，所以质量特别轻，能够翱翔天际。"

立方体卫星、立方体西瓜、立方体机器人……一系列的奇思妙想让小机灵叹为观止，眼睛都看花了！

认识不同的立方体

建筑中的立方体	食物中的立方体

鹿特丹的立方体房子

方块豆腐

纽约街头的红色立方体雕塑

方形西瓜

眼见不一定为实——埃舍尔立方体

埃舍尔立方体是一种特殊的立方体，当你在一个特定的角度看它的时候，它长这样（图一），是一个立方体，但如果把它转一下，你就会发现，它的形状（图二）跟立方体关系不大。

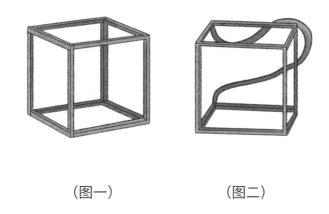

（图一）　　　　　　　　　（图二）

特别的游戏玩具——神龙摆尾

这是一种神奇的玩具，能从立方体变成一整条"龙"。它就是"神龙摆尾"，是孔明锁的一种，属于益智巧组类器具。它由 27 个完全一样的小正方体用一根橡皮筋串在一起首尾相连而成，拆开犹如一条神龙。

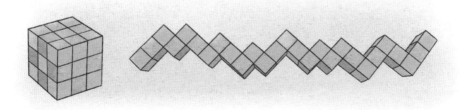

试一试

小明用下图中的立体图形①②③，拼成了最左边的立方体，请问下方哪一项能填入问号处？

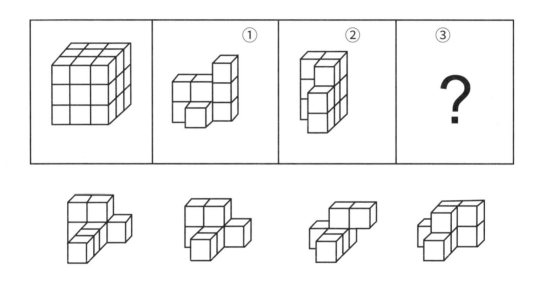

答案：第↓项。

奇妙的几何思维
转动的球

沈雪◎著

航空工业出版社

北京

内容提要

看似"高高在上"的几何，其实都源于我们的生活。打开这套书，你就会发现，原来几何还可以这么有趣！本书从生活实际出发，将与圆、三角形、正方形、球、正方体、多面体有关的几何知识融于侦探故事中，让几何问题变得更贴近生活、生动有趣。全书的内容包含但不限于 6 种图形，旨在为孩子构建全面的几何知识框架、培养良好的几何思维，引导孩子学会创造性地思考问题。

图书在版编目（CIP）数据

奇妙的几何思维．转动的球 / 沈雪著．— 北京：
航空工业出版社，2024.4（2024.5 重印）
ISBN 978-7-5165-3709-1

Ⅰ．①奇… Ⅱ．①沈… Ⅲ．①几何—青少年读物
Ⅳ．① 018-49

中国国家版本馆 CIP 数据核字（2024）第 060207 号

奇妙的几何思维·转动的球
Qimiao de Jihe Siwei.Zhuandong de Qiu

航空工业出版社出版发行
（北京市朝阳区京顺路 5 号曙光大厦 C 座四层　100028）
发行部电话：010-85672688　010-85672689

唐山楠萍印务有限公司印刷　　　　　全国各地新华书店经售
2024 年 4 月第 1 版　　　　　　　　2024 年 5 月第 2 次印刷
开本：787×1092　1/16　　　　　　　字数：20 千字
印张：3　　　　　　　　　　　　　　定价：168.00 元（全 6 册）

前 言

数学一定是深奥的？几何一定是难懂的？停停停，千万别这么想！其实，看似"高高在上"的几何，都源于我们的生活。打开这本书，你就会发现，原来几何还可以这么有趣！

爆米花为啥有的是球体，有的是蝴蝶形？从北京飞往华盛顿为什么要一直往北飞？世界最大的半球体建筑是什么？生活中有哪些植物的果实是椭球体？鸟蛋的"蛋形"居然也有不同？

上面这些问题，都跟球体有关。本书从生活实际出发，将与球体有关的知识点寓于有趣的侦探故事中，让几何变得更贴近生活、更生动有趣。读完这本书，你会在手不释卷的同时，惊叹于几何学的伟大。让我们一起出发，跟着侦探小机灵和算盘猴，去破解形状王国的案件，探索几何世界的奥秘吧！

目 录

人物介绍

小机灵

形状王国的侦探，拥有超乎寻常的智商，没有他不知道的几何知识！每次遇到案件时，他总会挺身而出！

算盘猴

小机灵的宠物，也是他的好朋友！会说话，会算术，总会在关键时刻帮上小机灵的忙！

第1章

一起来数数

"一个橘子，两个橘子，三个橘子，这是月亮婆婆家的……"

秋天一到，小机灵的农场朋友就给他寄来了一箱橘子，算盘猴正在往一个个小篮子里装，想要给附近的邻居们送点儿过去。

小机灵笑道："算盘猴，你这模样真像古代的苏美尔人。"

看算盘猴有点儿不明所以，小机灵解释道：

"6000多年前的美索不达米亚平原上，生活着一群苏美尔人，他们种植小麦、饲养牛羊。随着财产的日益增加，聪明的苏美尔人发明了一种特别的计数方式。"

小机灵继续讲："他们把黏土捏成一个个小物件，代表动物或者财物，然后将黏土放入空心的湿黏土球里，等到土球变干，里面的黏土小物件就没有办法被篡改了，苏美尔人就能保护自己的财产啦！"

球与圆的区别

看一看

硬币——只有上下两个面是圆形。

乒乓球——各个角度都是圆形。

摸一摸

硬币——扁扁的、平平的，是平面图形。

乒乓球——鼓鼓的，放在手心，手要握起来才能抓住，是立体图形。

玩一玩

硬币——立起来会朝前后滚动，如果不立起来就不会滚动。

乒乓球——随时都可以滚动。

我们把能向任何方向滚动的，无论从哪个方向看都是圆形的物体叫作球体。

● 爆米花形状背后的"秘密"

要想爆出球形的爆米花，挑选玉米粒有诀窍，看起来又圆又饱满的玉米粒是最好的选择。要是你不小心挑选了偏长的玉米粒，可能会爆出蝴蝶形的爆米花哟！

养成思维

● 猜一猜

把同一块橡皮泥分别捏成实心的正方体、长方体和球体，放入水中，排开的水量依次（   ）。

A. 增大

B. 减小

C. 不变

答案：A

打台球

第2章

打台球，可是个技术活，尤其是对于算盘猴而言。

这可不是在嘲笑他。算盘猴在打台球这件事情上真的没有天赋，因为他已经练了一礼拜了，但每次打球，还是进不了几个。

这天，算盘猴又一次沮丧地回到了家。小机灵见他这样，实在不忍他伤心，便决定亲自上场研究一下，怎样才能把台球打进球袋。

玩了一会儿，小机灵终于找到了窍门。小机灵叫来算盘猴，告诉他："你看，如果球正对着球袋，想要把球打进去，最简单的方法，就是瞄准球心打。"

果然，球进了！算盘猴激动得都要跳起来了！

● 球心的特点

球心到球面上任意一点的距离都相等，这个距离叫作球的半径。

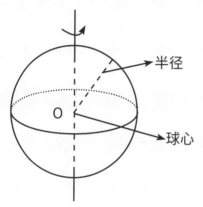

球的中心就是球心。

● 慧眼识球心

地球的中心是地心，也叫地核。

蒲公英的种子从它的"球心"被吹向四面八方。

❀ 球状星团

在宇宙中，有一种特殊的星团——球状星团，它由成千上万颗恒星组成，外貌呈球状。越往球状星团的中心，恒星聚集的密度就越大。

❀ 灵活的鸟头

猫头鹰有一个独门绝技——头部旋转 270°，其实，这是不少鸟类的常规操作，还有的鸟类头部甚至可以旋转接近 360°。一般，鸟类拥有 13 或 14 节颈椎骨，可以让鸟头在以最后一节颈椎为球心，以脖子长度为半径的球内自由活动。

养成思维

● 找一找球心

　　准备一块橡皮泥，把它捏成球，你能找出球心的位置吗？

　　步骤一：沿着球的直径把球切成两半。

　　步骤二：把其中的一半球，沿着它的直径再切一刀。

　　步骤三：将 1/4 的球再沿着中心切一刀。

　　那个方形尖角的最前端就是球心啦！

第 3 章

滚动的球

"蜣螂，俗名屎壳郎。等到大象吃饱喝足后，一坨便便从天而降，屎壳郎便蜂拥而上，迅速爬到象粪上，滚起粪球兴高采烈地回家了。"

电视里，正在播放着一部关于屎壳郎的纪录片，算盘猴认真观看着屎壳郎滚粪球的旅程。

第一次，屎壳郎跌进了大象脚印的水坑里，滚粪球失败……但是它并不气馁，而是卷土重来，继续将一个新的粪球滚在回家的路上。

第二次，屎壳郎不小心被撞飞，球也不翼而飞了。

第三次，第四次……

屎壳郎并没有放弃，以弱小的身躯竖起两爪，举着粪球奋力前行，终于回到了家里。

滚动的球

球体表面没有任何棱角，可以向任意方向滚动。

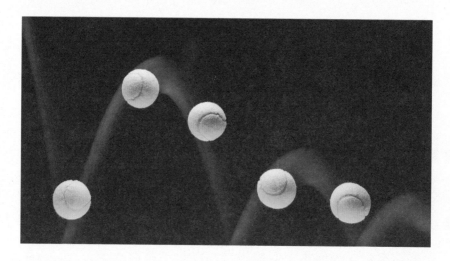

生活中的球

足球

玻璃球

🌸 西瓜虫

　　自然界中有一种可爱的小虫子，它在受惊时，会蜷缩成圆球。等过一会儿，没有危险了，它就会变回原来的样子。所以，人们给它起了个别名叫"西瓜虫"。

🌸 蹴鞠

　　蹴鞠是战国时期中国民间的一种球类游戏。球皮是用皮革做成的，球内用米糠或毛发塞紧。人们用脚蹴、踢、踏，类似今天的足球。

会上坡的球

准备材料: 小木条 3 根、铅笔 2 支、玻璃球 1 颗

1. 将两根小木条并列摆放, 彼此之间隔开约 12 厘米的距离, 然后将 2 支铅笔并排架在两根小木条上。

2. 在其中一根小木条底部再垫一根小木条, 并将铅笔并排架在两端的小木条上, 形成一个斜坡。

3. 将靠近斜坡顶端的铅笔逐渐分开, 呈一定的角度。

此时, 你就会发现, 玻璃球竟然在爬坡!

洋葱的心

第4章

"如果你愿意一层一层一层地剥开我的心……"

厨房里，小机灵不知道正在捣鼓些什么。他一边哼歌一边下厨，把外面看电视的算盘猴吓得够呛。算盘猴凑近一看，原来小机灵正在剥洋葱的"心"。

小机灵先是把洋葱切成两半，然后将洋葱一片一片剥开。好奇的算盘猴拿了两瓣合上，发现了一个好玩的现象："小机灵，你看，这居然变成了个洋葱球！"

小机灵边剥洋葱边流眼泪："当然了，洋葱就是个同心球啊，把它切开，里面相对的每两瓣都能合成一个空心球。"

看着小机灵一边被洋葱折腾得泪流满面，一边还要给他科普几何知识，算盘猴边笑边帮忙。不一会儿，洋葱就剥完了，香喷喷的洋葱炒蛋也很快上桌啦！

认识同心球

● **生活中的同心球**

一层层的洋葱

圈层结构的珍珠

思维发散

● **东方明珠电视塔**

　　作为上海的地标建筑，东方明珠电视塔最独特的地方就是它身上的"球"。电视塔共有 11 个球体，三条斜撑的腿上各有 1 个球，塔身上有 8 个球。从高空俯瞰时，就像穿在一起的同心球。

鬼工球

把一个球雕出一层层的空心球，且每层的球都可以自由转动，听起来是不是很神奇？其实这是一项中国工艺绝技——鬼工球的雕法。

摇出同心球——元宵

你知道元宵是怎么做出来的吗？一起来试一试吧！

准备材料：豆沙馅料、糯米面、凉水

1. 把豆沙馅料揉成一个小球。

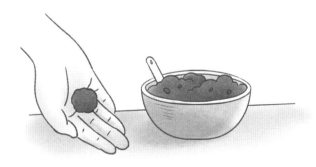

2. 把豆沙球放到盛满糯米面的盆内，将盆反复摇晃，直到豆沙球外表裹满糯米面。

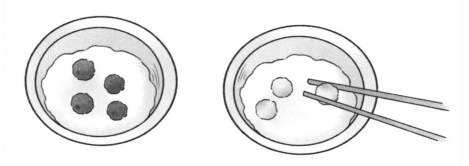

3. 把裹满糯米面的豆沙球过一遍凉水，再放到面盆里摇晃。

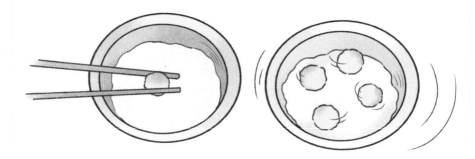

4. 这样反复操作七八次，直到豆沙球变大变圆，元宵就做好了。

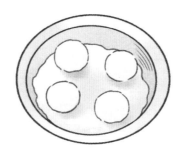

第5章 乒乓球的抛物线

"立方体队加油！"

"圆滚滚队加油！"

形状王国的体育场上，算盘猴正在观看一场精彩的乒乓球比赛。

立方体队和圆滚滚队的主力队员正打得不亦乐乎，眼见算盘猴支持的圆滚滚队就要输了。这时，圆滚滚队的主力队员突然打出了一个"擦边球"！

只见乒乓球在空中划出一条巨大的抛物线，然后朝球台的一个角落里落，立方体队的球员立刻跑上前去，结果还没等他接到，就已经落地了！

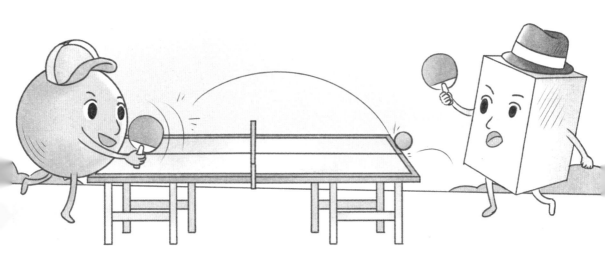

就这样，一个"擦边球"拯救了圆滚滚队。接下来，圆滚滚的队员们越战越勇，乒乓球在桌球上方的空中飞来飞去，形成的一道道抛物线就像在跳舞。最后，圆滚滚队终于获胜啦！

认识抛物线

抛物线的形状

标准的抛物线是一条对称线。

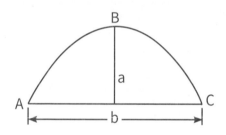

一个物体向上斜抛出去，所经过的路线近似抛物线。

生活中的抛物线

烟花绽放后形成一道道抛物线

喷出抛物线水柱的音乐喷泉

嵩岳寺塔塔身

　　嵩岳寺塔是一座古老的砖塔，建于北魏时期，整个塔身近似抛物线形，线条清晰流畅，造型雄伟秀丽。

后退投球

　　篮球比赛中，要是一人带球进攻时，面对对方球员的围堵，这个球员往往会先后退一步，再跳起投球。后退一步的精妙之处就在于，当球员与对方拉开了距离，投出的篮球轨迹就可以越过对方的防守高度，从而投中篮筐。

抛物线的艺术图案

把点连在一起就能画出抛物线，不信？试一试你就知道啦。1 连 1，2 连 2，3 连 3……最后，你就会看到一幅美丽的图案！

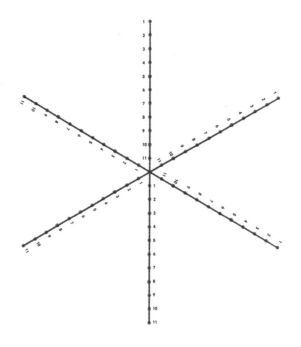

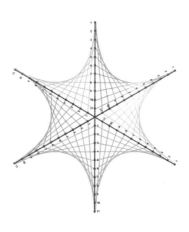

答案：

走！去北极旅行！

第6章

小机灵心中一直有一个梦想，那就是环游形状王国！

形状王国幅员辽阔，从南至北风景各异。小机灵去过很多地方。他打卡过南方的热带雨林，在那里品尝了好吃的香蕉和椰子；也去过偏北的温带地区，那里气候宜人，有河流、高山、草原等各种美丽的风景。

可是，这次他却纠结了，到底该去哪儿呢？算盘猴帮他想了个好主意：遇事不决就随机选。算盘猴拿出地球仪和一支飞镖，小机灵一扔，飞镖竟然被丢到了北极——那可是北半球纬度最高的地方。

于是，不再纠结的小机灵收拾好行囊，打算带着算盘猴向着北极出发啦！

● 地球上的曲线

在地球表面，连接南北两极的线为经线，呈半圆状。

连接东西方向的线为纬线，呈圆形。

任何一条纬线都是平行于赤道并且与经线垂直的。

赤道既是地球上最长的纬线，也是南北半球的分界线。赤道附近全年天气炎热，昼夜平分。

从北京飞往华盛顿,怎么飞距离才最短?

只要在地球仪上用线连接北京和华盛顿两处,形成的圆弧就是最短的飞行距离!也就是说,飞机要先飞到北极附近,再往南飞到华盛顿。谁让地球是个"球"呢?这种航线叫作"大圆航线",不仅飞行距离最短,还能减少燃油消耗呢!

我国跨纬度最大的省份

在我国,跨纬度最大的省份是海南省,范围从北纬4度附近的曾母暗沙到北纬20度的海南岛北端,跨16个纬度。

猜一猜

关于经纬线的说法，正确的是（　　）。

A. 每条经线都自成一个圆圈

B. 纬线长度都相等

C. 地球仪上经线有 360 条

D. 纬线指示东西方向

知识链接

赤道纪念碑

　　在西班牙语里，厄瓜多尔是"赤道"的意思，因为地球的赤道刚好横穿这个神奇的国度。人们在厄瓜多尔的首都基多市附近，建了一个特别的纪念碑——赤道纪念碑。每年 3 月 21 日和 9 月 23 日，太阳光直射赤道，全球大部分地区昼夜长度几乎相等。厄瓜多尔人要在赤道纪念碑脚下举行盛大的庆祝活动，对太阳给地球万物带来温暖和光明表示感谢。

答案：D。

第7章 圆周率日的挑战

每年的 3 月 14 日是圆周率日，一到这个时间，形状王国就会举办一场特殊的记忆比赛——背圆周率小数点后面的数。能背出小数点后最多位数的人，就能得到国王颁发的大奖！

去年，算盘猴挑战过一次。可是面对众多优秀的对手，他只背到十几位就败下阵来。不过，算盘猴并没有气馁，经过这一年的努力，他已经能背将近一百位啦！

"算盘猴，不错嘛，居然能背下来这么多位数，而且没有出错！"小机灵赞赏道。

算盘猴说道："我的目标是刷新王国纪录。听说有一个人能背诵圆周率到小数点后 67 890 位呢！我得向他学习！"

等算盘猴上了赛场，小机灵一直给他加油。算盘猴冷静地背完后，终于获得了大奖——一个 π 字奖牌，还有一个美味的香蕉派！不知道明年算盘猴的成绩会怎么样？让我们拭目以待吧！

认识圆周率

什么是圆周率呢？简单地说，它就是圆的周长与直径的比值，用希腊字母"π"来表示。

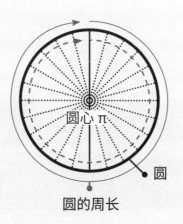

圆心 π

圆

圆的周长

 思维发散

● 祖率

公元 5 世纪，祖冲之用割圆术将圆周率推算到小数点后 7 位（3.1415926 到 3.1415927 之间），这一成果领先其他国家近一千年。为了纪念祖冲之的贡献，有些人也将圆周率称为"祖率"。

古率

　　早在公元 2 世纪，我国古算书《周髀算经》就开始研究圆周率了。其中有"圆径一而周三"的记载，意为圆周长约为直径的 3 倍，也就是 π ≈ 3，这个数字被称为"古率"。

割圆术

　　三国时期，数学家刘徽提出了一种圆周率计算方法——割圆术，就是用圆内接正多边形的面积来逐步逼近圆的面积。祖冲之就是用这个方法算出祖率的。

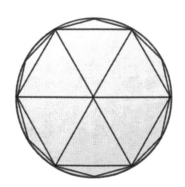

蒲丰投针实验

准备工具：一张 A4 纸、n 根 2 厘米的牙签

实验步骤：

1. 在纸上画满相距 4 厘米的平行线。

2. 找来 n 根 2 厘米长的牙签，随机抛在纸上。

3. 统计牙签与平行线相交的次数 k，计算 n/k 的值。

实验结论：n/k 的值与圆周率 π 十分接近。
这就是著名的蒲丰投针实验。

算盘猴的生日蛋糕

第8章

"早上好哇，小机灵！"蛋糕店柜台前，蛋糕师憨豆跟小机灵热情地打着招呼。

"你好啊，憨豆。我想请你帮个忙！"小机灵说，"今天是算盘猴的生日，我想自己动手给他做个蛋糕！""没问题！"憨豆一口答应下来，"你想做什么形状的蛋糕呢？"小机灵打量着柜台里琳琅满目的蛋糕，有圆柱体的、正方体的……可小机灵是谁，总是不走寻常路的他，一下子就想到一个新奇的主意——做个球形的蛋糕！

小机灵把自己的想法跟憨豆说了后，憨豆提醒他："球形蛋糕很难做哟！"

有难度才有挑战，小机灵才不怕呢！在憨豆的帮助下，小机灵烤出了蛋糕坯，然后将其修整成半球体，再抹上奶油；他按照同样的步骤，做出另外一个半球，将两个半球合起来后，再加上可爱的装饰，一个完美的球体蛋糕就做好了！

认识半球

半球	生活中的半球

半球体就是球体的一半。	半球建筑

思维发散

● 昼半球和夜半球

　　由于地球近乎是一个不发光也不透明的球体，在太阳的照射下，面向太阳的半球是明亮的，也就是昼半球；背向太阳的半球是黑暗的，也就是夜半球。

● 布里斯托天文馆

布里斯托天文馆位于英国，在布里斯托市中心河边的千禧广场上有一个巨大的金属球，里面就是天文馆。金属球外表光滑，里面是一个可以容纳80名观众的3D球幕，播放的电影可以带领大家去探索宇宙的奥秘。

● 马德堡半球实验——了解真空的第一课

1654年，德国马德堡市的市长上演了一场精彩的"马戏"，那就是奥托·格里克著名的马德堡半球实验。一起来看看他们是怎么做的吧！

准备工具：

2个直径30多厘米的铜半球、橡胶圈、抽气装备

实验过程：

1. 格里克和助手把这两个铜半球壳中间垫上了橡胶圈。

2. 把两个半球壳合在一起，用抽气装备将空气全部抽出，使球内形成真空。

3. 把气嘴上的龙头拧紧封闭。这时，周围的大气把两个半球紧紧地压在一起。

4. 在球的两侧各拴四匹大马，背对着拉球。半球原封不动。

5. 在球的两侧各拴八匹大马拉球，一声巨响后，两个铜半球被分开了。

实验结论：

通过这个实验，我们可以知道，大气压强是存在的，且十分强大。

第9章 橄榄球队胜利啦

　　最近，形状王国刚结束了一场精彩的橄榄球比赛。比赛结束后，主办方举办了球员的粉丝见面会。作为一个橄榄球迷，算盘猴怎么会错过与偶像的见面会呢？

　　现场，主持人说："今天，我们设置了一个特别的游戏环节，能回答出最多关于橄榄球问题的粉丝，将会获得主力球员亲笔签名的橄榄球哟！"算盘猴激动坏了——这个橄榄球他势在必得。

　　"橄榄球的形状是什么？""椭圆形""半圆形""扁的圆形"……场下的粉丝此起彼伏地回答着。

　　小机灵举起算盘猴的手，然后悄悄告诉他："是椭球形。""下一个问题，橄榄球的名称是怎么来的？"这个可难不倒算盘猴，他回答道："你仔细观察一下，它的造型是不是和橄榄如出一辙啊？其实它的原名叫拉格比足球，简称'拉格比'。"

　　算盘猴一个接一个地回答，成功拿到了主力球员签名的橄榄球。

● 椭球与球的区别

椭球   球

	椭球	球
形状	两端扁平，像个压扁的球	圆圆的
平面	经过直径的平面是椭圆形	任何一个横截面都是正圆形
轴	只有一条最长的长轴	经过圆心的轴长度一致

椭圆绕着长轴旋转一周，所形成的立体图形就是椭球体。

思维发散

椭球体的国家大剧院

中国国家大剧院外部为钢结构，壳体呈半椭球体，倒影与建筑主体仿佛一个浑然天成的椭球。

"圆枣子"的形状

自然界中，很多植物的果实都是椭球体的，比如枣类。圆枣子，光听名字可能以为是一种枣子，其实它是野生猕猴桃的别称。圆枣子的果实是椭球体的，是一种十分珍贵的水果，营养价值很高。

胡蜂巢

马蜂窝的造型像一个椭球。

养成思维

找一找

生活中有哪些植物的果实是椭球体的呢?

提示:圣女果、枣子等。

拯救鸡蛋计划

第10章

"小机灵,快来帮帮我吧!"小机灵家门口,农场老板不停地敲着门。

睡眼惺忪的小机灵开门后,问道:"怎么了?"

农场老板像见到了救星一样,将他的遭遇说了出来。

原来,昨天晚上,爱捣蛋的神偷潜入了农场老板的鸡舍,将鸡蛋全都偷走了。他沿着脚印去找,在森林里找到了很多鸟窝,里面放着形状各异的蛋。神偷还留了张纸条:找出自己的鸡蛋,不然,小心鸟类的报复哟!这可把农场老板急坏了,不得不来找小机灵帮忙。

小机灵带着众人走进森林,告诉他们找出鸡蛋的小妙招:首先,鸡蛋的形状是卵形,一头尖一头圆;其次,为了不让蛋的形状影响飞行,鸟类会产下更为不对称或者椭圆的蛋。比如,鹰的蛋是最接近球体的,海鸠的蛋是尖锥形的,鹬蛋则有点儿像雨滴的形状。

最后,比起鸡舍里的鸡,形状王国森林里的鸟体形更小,所以,鸟蛋就比较小。

就这样,在大家齐心协力的努力下,鸡蛋终于回到了鸡妈妈的怀抱。拯救鸡蛋计划成功啦!

 认识蛋形

蛋形是曲面立体图形的一种。曲面立体图形有：

球体

椭球体

蛋形

对比看看，你能发现这球体、椭球体和蛋形的区别吗？

提示：蛋形的头有点儿尖。

● **为什么鸡蛋一头尖一头圆？**

其实原因很简单：鸡在下蛋的时候，椭圆形状会很容易拉出来，而且一头尖一头圆的形状，不会让鸡蛋一下子就滚出鸡窝。不仅如此，这个形状还有利于每个蛋均匀受热孵化。

● **桑拿房藏在金蛋"肚子"里**

在仿生建筑中，蛋形建筑非常受欢迎。瞧，在瑞典，一个建筑设计师造了一个闪闪发光的金蛋！如果你进去就会发现，这其实是一个桑拿房，神奇吧？

拼图游戏

瞧，下面有一个用蛋形拼图拼出的小鸟，你知道小鸟是怎么拼出来的吗？动手试一试吧，在下面的小鸟图中涂上与蛋形中对应部分的颜色！

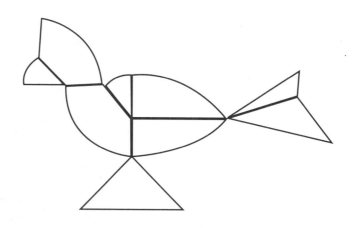

会变形的球

第11章

拯救了农场老板的鸡蛋后，小机灵和算盘猴没有立马回家，而是在森林里闲逛起来。

由于最近小机灵一直在装修房子，他把屋顶和地板都换成了新的。

这不，刚好来到森林，小机灵想找一些木头装饰下院子。

"小机灵，你看这几根圆木柱怎么样？"算盘猴问道。

小机灵看了一眼，说道："不错，但是感觉只有圆木柱有些单调，你有什么想法吗？"

"前两天，我在电视上看到阿基米德的墓碑上有一个奇怪的形状，它既有圆柱体，又有球体，我们是不是可以把圆木给削成球体呢？"

小机灵说："不愧是算盘猴，跟着我这么久，都变聪明了嘛！你说的那个形状是圆柱容球，我们可以试试看能不能做出来！"

阿基米德的圆柱容球

在圆柱形容器里放一个球，这个球顶天立地，四周碰边，那么球的体积是圆柱体积的 $\frac{2}{3}$，球的表面积也是圆柱表面积的 $\frac{2}{3}$。

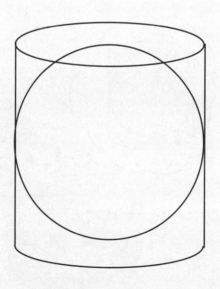

"橙子皮"状的剧院

　　据说,建筑师设计悉尼歌剧院的灵感,就来自一个剥了一半的橙子。后来,为了纪念设计师的巧思,还有人在悉尼歌剧院前放了一个小小的球体模型呢!当然,悉尼歌剧院之所以采用球体结构,是因为球体或椭球体结构十分坚固,它的任何一处受力,都可以向四周分散开来。

　　澳大利亚悉尼歌剧院的屋顶由大小不同的球面的局部形状组成,这种形态各异的球面结构叫作弯帆。

● **用橙子皮做出悉尼歌剧院！**

　　想做一个简易版的悉尼歌剧院吗？很简单，只要一个橙子就足够了。首先，用刀沿着橙子的中心划一圈，然后将橙子皮剥一半下来，再切掉一半，把它立起来，然后按照同样的形状，做几张大小不同的橙子皮，最后将它们按照悉尼歌剧院的顺序排列一下。你做好了吗？

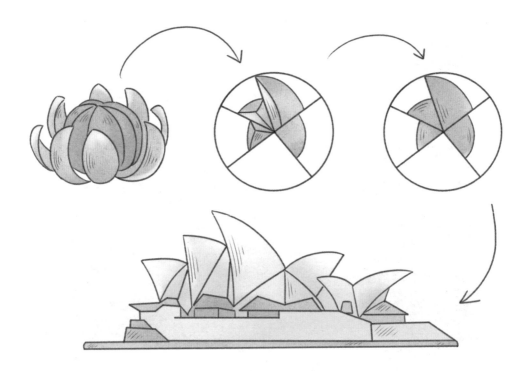